“十三五”普通高等教育本科部委级规划教材

中国传统经典纺织品纹样史

THE PATTERN HISTORY OF CHINESE TRADITIONAL CLASSIC TEXTILES

李建亮 | 主 编
温 润 | 副主编

中国纺织出版社有限公司

内 容 提 要

本书为“十三五”普通高等教育本科部委级规划教材。我国自古就是一个纺织大国，有着悠久的纺织业发展历史，作为文化传承的纺织品纹样来说，具有历史悠久、内涵丰富的特点，是几千年来中华民族智慧的结晶，是我国当代设计创新文化的土壤。本书主要按纹样类别系统讲授传统纺织品纹样的发展变化，考察各个时期纺织品纹样的艺术特点及发展规律，图文并茂，内容详实。本书既可作为高等院校服装专业的学习教材，也可供行业相关人员学习参考。

图书在版编目（CIP）数据

中国传统经典纺织品纹样史 / 李建亮主编 . -- 北京：中国纺织出版社有限公司，2020.3（2024.1重印）

“十三五”普通高等教育本科部委级规划教材

ISBN 978-7-5180-6825-8

Ⅰ. ①中… Ⅱ. ①李… Ⅲ. ①纺织品—纹样—中国—高等学校—教材 Ⅳ. ① TS194.1

中国版本图书馆 CIP 数据核字（2019）第 217548 号

策划编辑：魏　萌　　责任编辑：谢冰雁

责任校对：楼旭红　　责任印制：王艳丽

中国纺织出版社有限公司出版发行

地址：北京市朝阳区百子湾东里 A407 号楼　邮政编码：100124

销售电话：010—67004422　传真：010—87155801

http: //www.c-textilep. com

中国纺织出版社天猫旗舰店

官方微博 http://weibo.com/2119887771

北京通天印刷有限责任公司印刷　各地新华书店经销

2020 年 3 月第 1 版　2024年1月第2次印刷

开本：787 × 1092　1/16　印张：13

字数：180 千字　定价：58.00 元

凡购本书，如有缺页、倒页、脱页，由本社图书营销中心调换

前言

纺织品艺术设计专业（染织艺术设计）是我国最早设立的艺术类设计专业之一，具有四十多年的发展历史，为我国纺织业的发展培养了一批又一批的优秀设计人才。“中国传统经典纺织品纹样史”是纺织品艺术设计专业的一门专业基础必修课，在国内众多高校中都有开设，主要让学生了解中国各个历史阶段纺织品纹样的发展变化，考察各个时期纺织品纹样的艺术特点及发展的规律。其作为一门重要的理论性课程，在实际教学中却没有一本系统性的教材，教师只能通过自己收集的资料、自编讲义来授课，缺乏统一性和规范性。学生课后也缺少系统性的参考书来指导，无形当中影响到课后学习的积极性和有效性。近年来，随着慕课、微课等在线课程的发展，学生自主学习的要求不断加强，学生对教材的需求也越来越迫切，作为一名任课教师也深深感到自己所肩负的责任和义务，有必要为学科建设的发展、为学生的学习，编一本实用的纺织品纹样史教材，这也是本教材编写的初衷。

本书共九章，主要按纹样类别系统讲授传统纺织品纹样的发展变化，并结合不同时期社会审美以及纺织技术的发展，来考察各个时期纺织品纹样的艺术特点及发展的规律，从而系统掌握传统纹样的发展路径。通过教材的学习，有助于学生从历史发展的角度审视中国纺织品纹样的发展变化，从各类纺织品纹样的传承中理解其构成、纹样特征、色彩特点、制作工艺和文化内涵。并在此基础上，拓宽学生的视野，培养学生多元化的审美修养，培养学生对中国传统纺织品纹样及传统文化的认知能力，并善于从广博、丰厚的民族纺织艺术中提炼出适宜现代社会生活需要的纹样精华，以增强学生的理论水平和整体设计能力，为学生从事现代纺织品艺术设计打下良好基础。

“中国传统经典纺织品纹样史”课程多以理论讲授为主，涉及众多实物以及工艺技术资料，为能有效调动学生的学习积极性，建议采用理论授课和博物馆实地参观相结合的方式，以增强学生的直观认识和理解，还可以做成慕课、微课等在线课程，方便学生的课后学习。

本书由李建亮主编、温润副主编共同完成：第一章、第七章、第九章由东华大学纺织学院温润老师编写，第二章至第六章、第八章由浙江理工大学服装学院李建亮老师编写，并最终统稿。

本书在编写过程中得到学校领导以及东华大学、苏州大学、南通大学众多兄弟院校教师的支持和帮助，使编写有了良好的基础条件和师资力量。在此，向给我们提供帮助的各位老师表示真诚的感谢！本书在理论研究的深度和广度上还存在很多不足之处，望各位同行专家批评指正。

李建亮

2019年5月26日

教学内容与课时安排

章 / 课时	课程性质 / 课时	节	课程内容
第一章 / 6	专业基础课 / 32	·	**几何纹样**
		一	回纹、云雷纹
		二	菱形纹、杯纹
		三	联珠纹
		四	万字纹
		五	棋格纹
		六	锁子纹
		七	龟背纹
		八	八搭晕
第二章 / 4		·	**动物纹样**
		一	龙纹
		二	凤纹
		三	禽鸟、瑞兽纹样
		四	衣冠等级上的禽兽纹样
第三章 / 6		·	**植物纹样**
		一	茱萸纹
		二	忍冬纹
		三	散花纹样
		四	团花纹样
		五	树纹
		六	生色花纹样
		七	缠枝纹
第四章 / 2		·	**人物纹样**
		一	童子纹样
		二	宗教人物纹样
		三	戏曲故事人物纹样

续表

章 / 课时	课程性质 / 课时	节	课程内容
第五章 / 2	专业基础课 / 32	·	**吉祥纹样**
		一	吉祥纹样的起源与发展
		二	吉祥纹样的表现手法
		三	吉祥纹样的审美特征
		四	吉祥纹样的民俗文化内涵
		五	吉祥纹样的图案搭配
第六章 / 2		·	**应景纹样**
		一	应景纹样的概念及表现形式
		二	应景纹样的文化内涵
第七章 / 4		·	**文字纹样**
		一	文字纹样的起源与发展
		二	文字纹样的表现形式
		三	大气美观的形式美法则
第八章 / 4		·	**天象纹样**
		一	日、月、星辰纹样
		二	云纹
		三	十二章纹
第九章 / 2		·	**器物纹样**
		一	器物纹样的概念
		二	器物纹样的内容形式
		三	器物纹样的内涵与审美

注 各院校可根据自身的教学特点和教学计划对课程时数进行调整。

目 录

几何纹样

课题名称：几何纹样

课题内容：1. 回纹、云雷纹
2. 菱形纹、杯纹
3. 联珠纹
4. 万字纹
5. 棋格纹
6. 锁子纹
7. 龟背纹
8. 八搭晕

课题时数：6课时

教学目的：主要阐述各种几何纹样的基本概念、基本形式与发展变化，使学生了解相关几何纹样的形式特点及审美内涵，把握几何纹样发展变化的趋势，提升学生的设计创造能力。

教学方法：讲授与讨论

教学要求：1. 让学生了解几何纹样的产生与纺织技术之间的制约关系。
2. 使学生理解各种几何纹样的形式与内涵。
3. 使学生掌握几何纹样的历代演变特征。
4. 使学生了解外来纹样对我国几何纹样发展变化的影响，对当今外来纹样的吸收借鉴有指导意义。
5. 使学生掌握几何纹样的装饰规律，并能结合流行趋势提出几何纹样创新应用的建议。

课前准备：教师准备相关几何纹样的图片以及应用的实例图片，学生提前预习理论内容。

第一章　几何纹样

几何纹样历史久远，是中国以及世界迄今发现最早的图案艺术之一，也是中国传统纹样的重要组成部分。其结构规整，样式丰富，形美意深，历久弥新，至今仍是纺织品图案设计的主要题材与形式。本书将首先对几何纹样进行阐释。

一、几何纹样的概念与形式

几何纹样是由抽象到极致的点、线、面组合而成的图形。几何纹样不仅包括点、线、面本身，还包括方格、三角、八角、菱形、圆形、多边形等有规则图形，以及将这些有规则图形往复、重叠、交错后形成的各种形体。在传统织绣纹样中，几何纹样通常呈现两种形式：一是以抽象型单独出现为主；二是与自然纹样组合表现。

几何纹样的构成，给人以美感的主要因素是节奏。它如同音律一样，是某一特定单位有规律的重复。哪怕是最简单的点或线，只要按照一定的间隔重复排列，便有了节奏，将这样的节奏丰富化、多样化，便形成了复杂的几何纹饰，华美变幻。

二、几何纹样的沿革

几何纹是中国丝织物上最早使用的纹样。早在公元前14世纪前后，在河北藁城台西村商代遗址出土的青铜器上黏附的丝织物印痕，便呈现出几何纹样式。再如河南安阳殷墟出土的铜钺上所附的绮织物印痕、陕西宝鸡茹家庄西周墓出土的铜剑上黏附的多层丝织物印痕，以及北京故宫博物院收藏的商代玉戈上所附的残绮印痕等（图1-1、图1-2[1]），全部都是单独形式呈现的几何纹样，如回纹、菱纹和雷纹。

图1-1　河南安阳殷墟出土铜钺，商代

图1-2　青玉曲内戈原物，商代

[1] 黄能馥．中国丝绸科技艺术七千年［M］．北京：中国纺织出版社，2002：9-10.

为什么丝织物上的几何纹样出现的最早？那是缘于当时织绣工艺的局限，古人尚未掌握复杂的技艺，尚未发明先进的机器，不能织绣出复杂多变的图纹，只能以简单的点和线构成一些基本图形。然而，随着纺织技术的不断进步，几何纹样并没有因复杂纹样的出现而结束；相反，通过不断总结而愈加完善，并以其特有的艺术魅力，在中国传统织绣纹样中独树一帜。总之，商代纹织物的几何构图奠定了先秦时期的纹样风格，对此后的几何纹也有重要影响。据夏鼐先生考证，商代已“改进了织机，发明了提花装置”，这从商代石刻奴隶主像上可以得到印证，石像身穿织纹衣，束勾连雷纹腰带，纹样整齐划一，似属提花织物，此类纹织物都是平纹地、经浮起花，要由比较复杂的提综手段才能织出。

进入春秋战国时期，几何纹样已经很少像商周那样以单独的形式出现，而是通过各种排列组合，变幻出更多复杂的图纹。例如，将各种圆点、圆圈、短线、长线、直线、曲线、方块、三角、菱形等单个几何纹样，用连缀错位或穿插的方法，构筑成二方连续或四方连续图纹，使单独纹样得到延伸，有规律地朝四方辐射，形成一个整体。最为典型的实物是湖北江陵凤凰山楚墓及湖南长沙左家塘楚墓出土的矩纹锦绣。

此外，春秋战国时期较为常见的另一种装饰手段，即将各种不同形体的几何图形相加、相叠、相套，从而组合成更为复杂的几何图纹。如湖北江陵战国墓出土的丝绦，以菱纹构成基本骨格，在每个菱纹的相交处，都叠压一个扁形的六角图纹，六角图纹横向排列，使斜向交叉的菱纹和横向连续的六角图纹得到有机的结合。

汉代丝织品中常用的几何纹样，主要有杯纹、矩纹、棋纹及波纹等。杯纹的做法是将两个小菱形与一个大菱形相叠，构成一个类似古代耳杯的骨格图纹，在骨格内的空间，再套入菱纹、回纹、矩纹等几何形体。东汉经学家刘熙在《释名·释采帛》中论述：“绮有杯文，形似杯也”即指此。波纹是汉代新出现的几何纹，它的特点是以曲折的线条组织成横向连缀、高低起伏的波浪之状，在波浪的空隙部位，则镶嵌以散点、圆圈、八角、瑞兽及富有吉祥寓意的汉字铭文，长沙马王堆汉墓出土的波纹孔雀纹锦及新疆民丰汉墓出土的续世纹锦，便属于这种类型。

魏晋南北朝时期的几何纹样又有了新的变化，最明显的特征是将汉代的波纹夸张增大，使之变成一种曲折的图案框架，在框架内的空格处，填充以各种动、植物纹样，使画面呈现出韵律之感。新疆吐鲁番北凉墓出土的动物几何纹锦，就是这一时期的代表作品。除此之外，方格、圆环、六角等几何图形也常被用作纹样骨架，在方格、六角或圆环之内，嵌入各种鸟兽图纹和植物图纹。

唐代重视具有写生趣味的花鸟图纹，几何纹样已经退居次要地位。这个时期的几何纹样主要有方格纹、锁子纹、龟背纹及联珠纹等，其中以联珠纹最具特色。那是受波斯萨珊王朝影响的一种纹饰，以串珠构成圆圈，圆圈之内填以鸟兽，圆圈之外则加以经过变形处理的花枝图纹。

从宋代开始，几何纹样在丝织品中重露头角。与宋代拘谨、严肃的审美情趣相适应，这个时期的几何纹样趋于规范化，组织严密，结构工整。宋代几何纹样的主要形式有方棋纹、方胜纹、锁子纹、球路纹、樗蒲纹、龟背纹及八搭晕等。其中以八搭晕最负盛名，据说产于五代而流行于两宋。元代费著撰写的《蜀锦谱》记载宋代“官告锦花样”，即有“盘毬锦、簇四金雕锦、葵花锦、八搭晕锦”等名目。这是一张复合式图纹，以垂直、水平、对角线按“米”字格式做成图案的基本骨格，在垂直、水平、对角线的交叉点上套以方形、圆形、多边形框架，框架内外再填以各种几何图纹。这种纹样的特点是端庄凝重，富于变化，给人以锦中有锦、纹中有纹之感，堪称中国几何纹样的一大典范。

明清时期的几何纹大多沿用或取法于宋式。不论结构繁简，一般多设有骨架，常用骨架有卍字形、方形、菱形、圆形、龟背形及多边形等，在骨架的空格内填以龙凤、花鸟等图纹。传统的八搭晕到了明清时期则变得更为精细、繁缛，尤其到了清代中期，这一特征反映得尤为突出。在宋代绫锦纹样基础上发展而成的窗格纹、锦上添花纹和锦地开光纹等大型组合纹样，在这一时期也得到了广泛运用，除用于衣衾、桌围、椅帔、靠垫等物之外，还用于字画、书函及墙面的装裱。

总之，几何纹样题材的诞生应是一部分直接从自然物中得到或抽象出的，一部分则经由“象形”的变化阶段而逐渐演化来的。几何纹大多以连续性、简洁性的形式出现，多是将客观事物规律化抽象的结果，并且只保留了物象极为突出的客观形态。因此，几何纹历经夏商周时期的发展演变，伴随着春秋战国时期神性的减退、人文理性的增加、神话思维的历史化，使得几何纹所代表的文化意蕴特别是自然崇拜的神性趋于消失，而仅仅保留了几何纹的形式。

第一节　回纹、云雷纹

一、回纹、云雷纹的概念与产生

回纹、云雷纹是古代几何纹样的一种。“回”字在《说文解字》中解释为：“回，转也。从口，中象回转形。”回字形源自于水在流动时产生的旋涡形态，从“回”字的结构看，水的旋涡形态与回纹的构成形式相同，都呈现出一种向心回旋的框架结构。而云雷纹的纹样单位自中心向外环绕连续与古文体“云”和“雷”字相似而得名（图1-3、图1-4[1]）。此种纹样有的作圆形连续构图，称为“云”纹；有的作方形连续构图，称“雷”纹。云，《说文解字》：“山川气也。从雨，云象云回转形”。古文“云”字为涡旋形。雷，《说文解字》：“阴阳

[1] 许慎．说文解字［M］．北京：中华书局，1978：241-243.

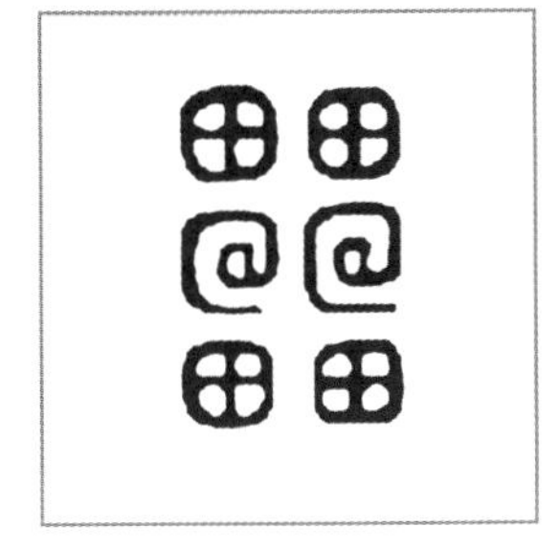

图1-3　古文“云”字

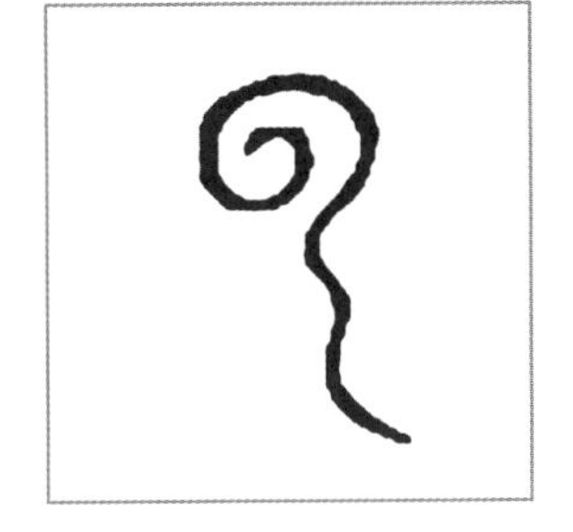

图1-4　古文“雷”字

图1-5　黏附回纹绮的青铜钺，商代

薄动，雷雨生物者也”。圆形为云纹，方形为雷纹。

回纹、云雷纹起初主要作为青铜器的地纹，用以烘托主题纹饰。后来单独出现在器物颈部或足部，或作为边饰使用，有时也用它将两种纹样隔开。从实物资料来看，丝绸上出现的最早纹样是商代丝织物绮上的回纹、云雷纹。如殷墟出土的青铜钺上的残留丝织物，便是一片回纹绮（图1-5、图1-6❶）。再有故宫博物院藏的一把商代青玉曲内戈上面黏附有条状云雷纹绢（图1-7、图1-8❷），安阳殷墟妇好墓出土的青铜偶方彝等商代器物上的丝织品印痕。这些都为暗花图案，在平纹地上起经线浮花，因不同浮长的经线反射光线的能力不同，形成了花纹。回纹、云雷纹盛行于商和西周，当时主要用于青铜器装饰，后发展到作为金属工艺、瓷器、染织、漆器等多种工艺品装饰。

图1-6　青铜钺上的回纹绮，商代

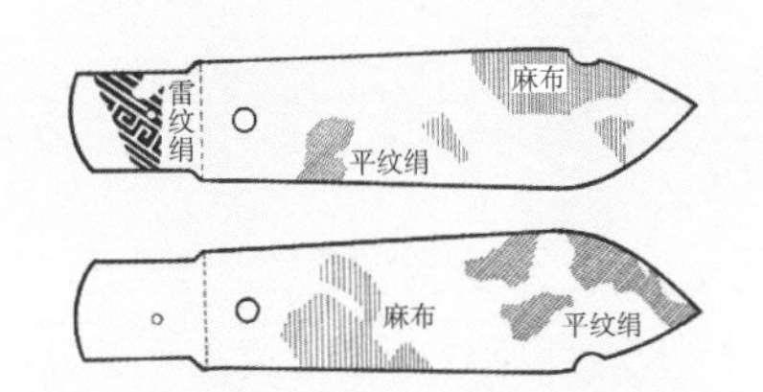

图1-7　玉戈正背面黏附的绢、麻布部位示意图，商代

二、回纹、云雷纹的形式与美感

回纹、云雷纹的典型特征是以连续的回旋形线条构成几何形态。商周时期，云雷纹图案造型简练、概括，并富有抽象的趣味，强调夸张和变形。当时云雷纹大体有单旋云纹、对旋云纹、“S”形云纹、“T”形云纹、勾连云纹等几种样式，被大量应用在青铜器、玉器、陶器及服饰品的装饰方面，尽管载体的材质和加工工艺各有不同，但它们

图1-8　玉戈上云雷纹绢的摹纹，商代

❶ 缪良云．中国历代丝绸纹样［M］．北京：纺织工业出版社，1988：4.
❷ 缪良云．中国历代丝绸纹样［M］．北京：纺织工业出版社，1988：5.

的总体风格和造型形象却是统一的。风格格调上，由于云雷纹分担着协助巫觋沟通天地人神、承受皇天福祉的神圣使命，也因此显得滞重深沉、雄健刚硬而带有神秘森然的寒意。

回纹、云雷纹简单有力的线条加强了装饰品的神秘感。它以直线为主，弧线为辅，总体轮廓结构通常以直线为主调。由此可见，简单的构形元素被先民们灵活运用之后便显得和谐自然。云雷纹中线条的宽窄疏密和每个单位云形的间距位置，都显示出一种合乎形式美法则的总体规划与独特美感。

云雷纹的结构简洁明快，布局严密、工整，通常由许多各自独立的单旋云纹或由两个单旋云纹组合而成的单位纹成带状装饰，主要装饰在服饰的领部、袖部及下摆等边缘位置。

云雷纹的另一种变化形式是勾连雷纹。它由近似的“T”形互相勾连的线条组成，填以云纹或雷纹（图1-9、图1-10[1]），盛行于晚商至周初，战国时再度流行。丝织品上的云雷纹是图案化的造型，结构对称、重复、重叠，由此来表现图案的韵律与节奏。因是暗花，随着观察方向的不同，所见到的花纹形状也不相同，若隐若现，体现出一种神秘感。

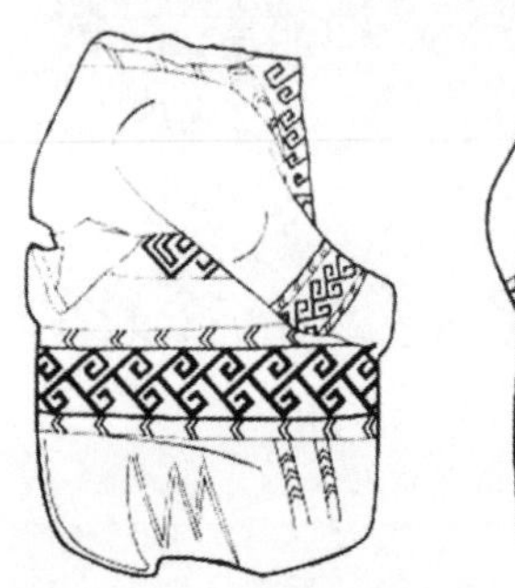

图1-9　白石雕像上的勾连雷纹，商代

图1-10　青铜器上的勾连雷纹，商代

三、回纹、云雷纹的文化内涵

首先，回纹、云雷纹产生并盛行于商周这个尊神事鬼、畏服天命、“有虔秉钺，如火烈烈”（《诗·商颂·长发》）、巫风剑影甚重的时代，特定的文化氛围和历史背景为云雷纹注入一种交织着神权观念和敬畏情绪的凝重的精神内涵。《周礼·地官·大司徒》：“以本俗六安万民，……六曰同衣服。”汉代郑玄《周礼注》：“民虽有富者，衣服不得独异。”唐代贾公彦《周礼注疏》：“士以上衣服皆有采章，庶人皆同深衣而已。”商周时期，随着奴隶主贵族在政治、经济上统治地位的确立，服饰材料以及纹饰形象都被赋予了特殊的含义，具有了体现奴隶主统治权威和区别尊卑贵贱、等级地位的功能。从大量出土的商周实物看，云雷纹装饰在服饰中也是一种体现尊卑等级的符号，它是商代奴隶主阶层显示自己权力、意志和尊严的一个侧面体现。

其次，作为器物主要装饰的云雷纹，除了自身的节奏变化外，往往互相交织，产生一些新的图样，就像不同大小的编钟，在演奏中互相唱和。在节奏变化中，云雷纹的基本形

[1] 缪良云．中国历代丝绸纹样［M］．北京：纺织工业出版社，1988：6．

态继续保持完整，这就体现了另一种现代美学的概念——重复。重复可以单调，但也可以庄严；重复可以无聊，但也可以丰富。云雷纹的重复，以一种独特的节奏，展示着它的庄重、丰富。

再次，云雷纹中循环的结构，体现了万事万物内部对立和统一的特性。云雷纹富有环绕感、延伸感、起伏感，是生命原则在审美感觉与审美心理上的深刻体现。云雷纹以流动飘逸的曲线和回转交错的结构，以合乎“生命节奏”的形式关系，表述着先民普遍具有的“生动”心理体验。这种体验不仅仅影响了装饰花纹，更影响了书法、绘画等诸多领域。云雷纹源于自然，它行云流水的节奏，寄托着先人的审美理想，这些美学思想也同时贯穿到中华民族艺术的各个领域。认真学习和研究这些经验，对我们进行设计和创作，具有深刻而长远的指导意义。

总之，回纹、云雷纹的结构并不复杂，但组织得很好，在小范围内通过不同程度的长短、粗细、曲直、疏密对比和不同方向的转折，形成严谨而又有变化的构图。整个纹样像一首节奏明快、音色铿锵的乐曲。此种纹样迂回曲折，连绵不断，以简单纹样单位创构复杂而丰富统一的画面，有很强的装饰性。云雷纹至今仍被应用，显示出了很强的生命力。

第二节　菱形纹、杯纹

一、菱形纹、杯纹的概念

图1-11　杯纹绮复原图，战国

图1-12　杯纹绮摹纹，战国

菱形纹、杯纹是古代几何纹样的一种，又称双菱纹。由一个大菱形和两旁两个小菱形叠合而成，外形似耳杯故名。

这种几何纹样流行于战国春秋时期，在汉代提花丝织品上也可见到。如在河南信阳长台关出土的春秋战国时期的杯纹绮（图1-11、图1-12[1]）及在湖南长沙左家塘战国楚墓出土的小菱格纹绮，其菱形纹用细经织出，用粗于细经数倍的特殊挂经在菱格中央织出中心点，其余浮挂于织物背面，纹样结构严谨、富有变化。

汉代的菱纹织物可见于湖南长沙马王堆汉墓出土的罗、绮、绢、锦等织物上。如汉代烟色菱纹罗（图1-13[2]），主

❶ 黄能馥．中国丝绸科技艺术七千年［M］．北京：中国纺织出版社，2002：17.
❷ 缪良云．中国历代丝绸纹样［M］．北京：纺织工业出版社，1988：31.

图1-13　烟色菱纹罗摹纹，汉代

图1-14　杯形菱纹绮摹纹1，汉代

图1-15　杯形菱纹绮摹纹2，汉代

纹为瘦长菱形，两侧各附加一个不完整的较小菱形，虚实两行相间排列。汉代杯形菱纹绮（图1-14❶），花纹以斜线对称构成的复合菱形为基础，这种复合菱形两头尖出，另外的两头加出双耳，形似耳杯。此外，汉代还出现了在杯纹绮和复合菱形中填饰花鸟纹的样式（图1-15❷）。

二、菱形纹、杯纹的形式特征

菱形纹的构成方法主要有两种：一种是直接用几何纹如变体菱形纹作均匀排列，被称为“杯纹”的复合菱纹，这也是战国以来十分流行的传统图案。马王堆出土的杯纹绮、杯纹罗均属此类。汉晋丝绸中，杯纹略有变化，常常用来作为纹样的骨架，主题有花卉、禽、兽等，实例不少。早期的有叙利亚帕尔米拉出土的绮，其图案就是把马王堆汉绮中的对鸟换成了对兽；另一种是用连续的几何纹网作骨架，再在其中填入与之相适应的几何形或变体几何形，由直线条组成规范的菱形格，然后在菱形格中填入适合纹样。纹样题材丰富，几何纹、动物纹、植物纹均有。各种几何因素能大能小，能细能粗，能聚能散，能密能疏，形态千变万化。菱形格的相接处有时也带有附加装饰。从考古发现来看，复合菱纹到魏晋后便绝迹了，而第二种菱格填花图案则沿袭时间较久，在其后历代丝绸图案中几乎都能见到。

这种纹饰具有对称的特性，在丝织品纹样中被广泛采用，战国以后十分流行。以菱形纹为主题的花纹，经打散变异处理，或曲折，或断续，或相套，或相错，派生出许多新的形式，如耳杯纹、磬形纹（可视为缺角菱纹）、S形纹、Z形纹与三角形纹、六角形纹、卍字纹、圆圈纹、塔形纹等其他几何形纹，通过图案线条粗细、虚实的变化，

❶ 缪良云．中国历代丝绸纹样［M］．北京：纺织工业出版社，1988：36.
❷ 缪良云．中国历代丝绸纹样［M］．北京：纺织工业出版社，1988：28.

组合相配，形成以菱形为框架的结构复杂的大菱形填花纹锦，犹如神秘的迷宫，尽显曲线之美。

三、菱形纹、杯纹的审美特征

菱形纹、杯纹以斜直线相互交叉或单个菱形图案连续排列的方式构成，或者说是由局部砌成的整体，即把单位菱形图案有规律地集合为整体纹样，从而产生具有新质的空间。其结构简单单纯，在连续的纹样构成中表现出一种有规律和有条理的秩序，这就是最简单的形式美。菱形纹样以其规整统一的秩序感使其在装饰图案中得到广泛应用。

菱形纹、杯纹因对称的性质具有均衡之美，其均衡构图通常表现为完全对称和不完全对称两种形式。在完全对称的情况下，菱形纹、杯纹可以沿着两条对角线和两条中点线作对称变换，在众多的装饰纹样中表现出规则的、整齐划一的稳定结构，产生出安静、和谐的庄重感，体现了自然和生命形态的静止状态。

当菱形纹、杯纹以二方连续、四方连续的形式无限重复展开时，就会呈现出一种富有韵律和动感的节奏。这是图案的一种组织形式，具有无限制扩展功能，饱含一定秩序却不存在开端与终结，在视觉上形成一种无限延伸、周而复始的空间效果，产生连绵不止、生生不息的独特魅力。

第三节 联珠纹

一、联珠纹的产生与发展

联珠纹是古代纹样的经典样式之一。联珠纹是由许多小圆相联结组成一个大圆的一种纹样，在唐代极为流行，广泛应用于织锦、印染、砖瓦、金银器、铜镜、漆器等工艺美术装饰上，具有时代特点。唐代画家阎立本的《步辇图》中描绘了唐贞观十四年（公元640年）吐蕃王松赞干布为求婚于文成公主派禄东赞到长安晋见太宗，使者身穿小袖锦袍，即“番客锦袍”，其纹饰为联珠纹（图1-16、图1-17[1]）。大体上，隋代联珠纹的小圆珠较少，唐代的小圆珠较多，一般为16~20个不等。在联珠纹中，有饰鸟类的，如孔雀、雁、鸾鸟等（图1-18[2]、图1-19[3]）；有饰走兽或家畜的，如狮、鹿、熊、天马、龙、骆驼等

---

❶ 缪良云．中国历代丝绸纹样［M］．北京：纺织工业出版社，1988：85.
❷ 缪良云．中国历代丝绸纹样［M］．北京：纺织工业出版社，1988：75.
❸ 缪良云．中国历代丝绸纹样［M］．北京：纺织工业出版社，1988：76.

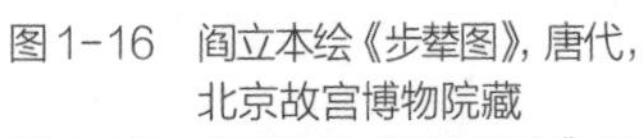

图1-16　阎立本绘《步辇图》，唐代，北京故宫博物院藏
图1-17　穿联珠纹“番客锦袍”的使者
图1-18　联珠鸾鸟纹锦1，唐代
图1-19　联珠鸾鸟纹锦2，唐代
图1-20　联珠鹿纹锦，唐代
图1-21　波斯萨珊王朝联珠翼兽纹锦
图1-22　联珠花树对鹿纹锦，唐代
图1-23　联珠对马纹锦，唐代

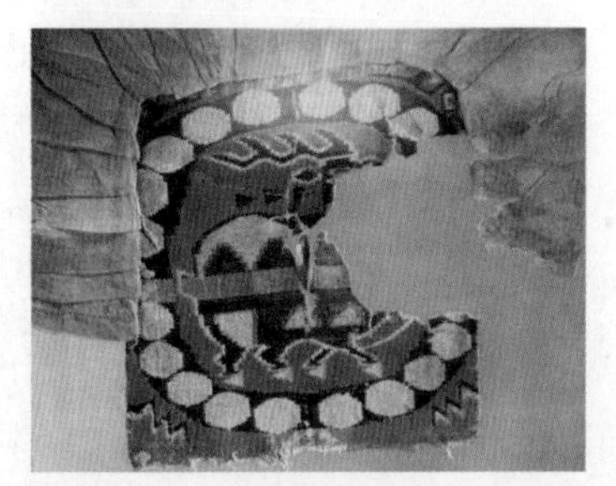

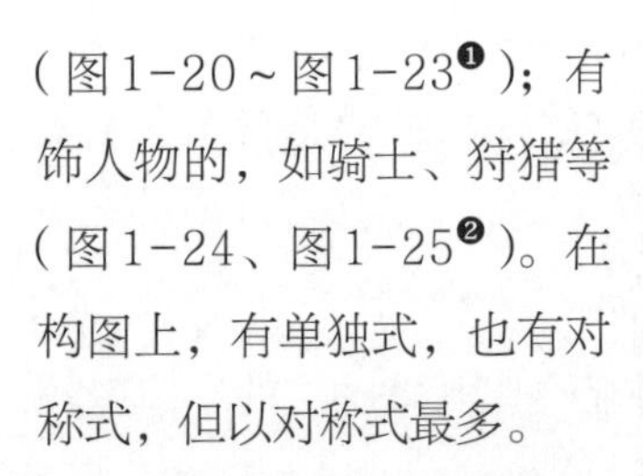

（图1-20～图1-23[1]）；有饰人物的，如骑士、狩猎等（图1-24、图1-25[2]）。在构图上，有单独式，也有对称式，但以对称式最多。

联珠纹一般认为起源于西亚。当时古波斯是西亚文化发达的强盛大国，与唐代有着较密切的交往，在波斯进口的工艺品上，也大量采用此

[1] 缪良云．中国历代丝绸纹样［M］．北京：纺织工业出版社，1988：77，80，85.
黄能馥．中国丝绸科技艺术七千年［M］．北京：中国纺织出版社，2002：112.
[2] 缪良云．中国历代丝绸纹样［M］．北京：纺织工业出版社，1988：82，83.

种联珠纹。乌兹别克斯坦的瓦拉赫沙古城遗址出土的壁画（5~6世纪）中的联珠立鸟纹图像也出现在新疆克孜尔千佛洞壁画中。可以看出，“丝绸之路”的开辟架起了“外来文化”与“本土文化”交流的桥梁。

图1-24 “四骑士”狩猎纹锦，唐代

联珠纹在中国流行始于魏晋南北朝时期，唐朝达到顶峰，创造出具有中国特色的新纹样——“陵阳公样”，这种新纹样在纹样的骨架和主题上与联珠纹完全不同。“陵阳公样”是由窦师纶创造的，据张彦远《历代名画记》卷十载：“窦师纶，字希言，纳言陈国公抗之子。初为太宗秦王府咨议、相国录事参军，封陵阳公。性巧绝，草创之际，乘舆皆阙，敕兼益州大行台检校修造。凡创瑞锦、宫绫，章彩奇丽，蜀人至今谓之陵阳公样。官至太府卿，银、坊、邛三州刺史。高祖、太宗时，内库瑞锦对雉、斗羊、翔凤、游麟之状，创自师纶，至今传之。”赵丰认为，花环团窠与动物纹样的联合很可能就是陵阳公样的模式。所谓“窠”，指服饰面料图纹是一个相对独立和封闭的主题纹样单元，唐代多为圆形，故也叫“团窠”。史料记载与出土的唐代丝织物达到高度的一致性。足以见得“联珠纹”的图案形式已被唐朝所吸收并消化，这时期国内也开始对联珠纹进行主题纹样的置换与创新，出现了一些具有中国设计特色的联珠团窠。《宋本玉篇》云：“穴中曰窠。”“窠”在图案中是一种主题纹样适合范围，强调它的相对独立和封闭性。整个图案由散点排列而成。“团”表示主题纹样适合范围的形状多为圆形。“团窠”是指圆形或基本圆形的纹样单位。在“联珠纹”的创新过程中，形式上已不同以往，它已不再是全图的中心，而是退到不太注目的位置，锦纹也多作团窠状错排，联珠环中小团花的变化也相当丰富，其风格全貌更像团花。又如团窠对龙纹绫，其团窠环的变化种类也多种多样，有联珠、双联珠、花瓣联珠、卷草等种类。这种经过仿制后的再创造以及独具匠心的再加工，使得这种图案纹样的流行面也相当广。

图1-25 “四骑士”狩猎纹锦摹纹，唐代

二、联珠纹的形式特征

联珠团窠图案中的主要部分是联珠团窠环，它由小的圆珠联成大的圆环，通常是深色作环、浅色作珠，一环中珠数不等，但以20颗上下居多。这种联珠环的含义不明，一般把它看作是波斯风格的典型代表。这在出土的唐代初期丝织品团窠环中占有主要地位。为了增加对中亚、西亚的出口或是为了满足居住在中国的外族的需求，中国的织工在南北朝时

期就已开始仿制带有波斯风格特别是联珠纹样的织锦。到唐代，这种仿制更多，可以分为两大类：小团窠联珠和大窠唐草联珠。

小团窠联珠：沿袭北朝斜纹经锦的传统，唐代的第一类仿制是小团窠联珠纹。团窠的体形一般较小，属于中小窠型。

大窠唐草联珠：是既模仿图案又模仿中亚、西亚织造技术的产物。在图案上，它采用较大的联珠环窠形，即大窠或独窠之类，团窠的体形均在40～50厘米。仅以散点错排的形式排列，纹样主要选择马、鹿、虎、狩狮等中国人较能接受的主题，而且在造型上又做了一定的修饰，使其更加华丽。

对称的纹样设置在联珠圆轮中，显得丰富、生动。圆珠与圆轮规则排列，向四方舒展，统一和谐。联珠纹常用于藻井、织锦与石刻等装饰。联珠纹具有丰满和热烈的艺术效果，这也正是唐代工艺美术风尚的形象反映。

三、联珠纹与中国织造工艺的进步

丝织物纹样与织造技术是紧密联系在一起的。提花技术是中国古代丝织技术中最为重要的组成部分，早在汉初就有多综多蹑式提花织机，《西京杂记》中写到汉初陈宝光妻用120蹑的织机织造散花绫。三国时期，魏国马钧改良了这种织机，创造了12蹑控制60综的巧妙机器。然而，唐代之前均采用经线起花，由于综和蹑的数量不能太多，织物的图案经向循环也就不会太大。因此，在分析战国秦汉时期的提花丝织品时可以发现，其织物的图案宽度常达整个织物的门幅，但其经向长度却不超过几厘米。到了唐代，中国开始大量出现纬锦织物，大多色彩繁丽、花纹精美，走出了汉魏的“稚拙”，这与采用纬线起花技术的发展有着密不可分的关系。

由于外来联珠纹样的流行，促进了中国对联珠纹的模仿，模仿又促进纺织技术特别是提花技术的革新。可以说，波斯萨珊王朝联珠纹的传入和流行，不仅丰富了中国的纺织纹样，同时也给中国提供了联珠纹发展和创新的土壤。更为重要的是中国古代纺织工匠在传统纺织机械的基础上，吸收外来纬锦织机的优点，从而创造出了古代独一无二的能控制经纬循环的束综提花织机。这种束综提花织机远比只能织出纬锦的中亚织机要先进很多，中国的束综提花机虽然是在联珠纹传入和流行的刺激下发明创造出来的，但它却为唐代之后丝织品的发展、创新提供了强大的机械基础。

联珠纹作为一种外来织物纹样，自南北朝时期开始便在中国传播、流行，直至隋唐时期才达到顶峰。正恰逢当时政治开明、思想开放、国力强盛和丝绸之路畅通的大环境，从而使得波斯文化在经过中亚的流行和过滤之后，在中国中古社会、文化和艺术中植入了异域因素，并产生了深远的影响。一方面，在外来联珠纹的刺激下，中国古代的丝绸织造技术迎来了自汉代以来的第二次高峰，从前不被统治阶级重视的纬线显花技术获得了复活，束综提花机正是在这样的环境下被创造出来。另一方面，在传统织物纹样的基础上，中国古代织造工匠创造出大量变形联珠纹纹样，渐渐淡化了联珠纹原本浓厚的宗教色彩，使之世俗化。并最终创造出中国特有的“陵阳公样”，对后世丝织物纹样产生了深远的影响。中唐之后，联珠纹逐渐衰微，这主要与中国古代官服服饰体制向团窠的变化有关，从另一个角度也说明唐代丝绸纹样的发展越来越本土化，创造出了具有民族特色的纹样，从而使外来纹样逐渐衰微。

图1-26 “胡王”锦

四、联珠纹的象征寓意

面对联珠纹，中国古人难以知其义、解其纹，所看重的应更多是新奇的样式，其模仿往往是结合自身的观察和理解。在此基础上，某些形象的塑造似乎还隐含着更深一层的信息。负重的骆驼、牵驼的胡人以及有意标明的“胡王”字样（图1-26[1]），极易使人联想到丝绸之路上贸易往来频繁、胡人称臣纳贡的场景。狮子取卧伏姿态，大象备鞍鞘、配象奴（图1-27[2]），表明二者都已少了野性，是供人观赏、乘骑的驯兽。当年西方的玻璃器、金银器、香料等高档商品频频输入，除供皇家外，亦可在市场上流通，引得贵戚富豪争购攀比。唯有狮、象只见作为国礼赠送，不曾私家畜养，这显然是与它们的数量较少且不便运输相关。那么，狮、象是否作为西方异物的代表，关联着供奉的观念呢？理当如此，中国人所选择的西方形象又都隐喻了异邦绝域称臣纳贡的大国心态，而这正是历代帝王的“四夷宾服，万邦来朝”观念的沿袭和引申。因而，这些被选择的西方物产就具有了两重性。表层上，它们作为异域事物的代表，显示着中国对西方的好奇；潜层里，这种好奇乃至喜爱又伴随着中原文化的优越心态。

图1-27　盘绦狮象纹锦

总之，6～8世纪，波斯萨珊王朝的联珠纹在中国的国土上经历了一个由发展到极盛的阶段，继而迅速地转入了衰微。693年，武则天禁锦，714年唐玄宗的禁断更加决绝，这种禁锦法令的持续加之服饰体制的变化，使得织物上的图案有了很大的改观。抑或是这种政治上的干预而导致联珠纹骤然衰微了。

❶ 黄能馥. 中国丝绸科技艺术七千年［M］. 北京：中国纺织出版社，2002：116.

❷ 高春明. 锦绣文章——中国传统织绣纹样［M］. 上海：上海书画出版社，2005：218.

第四节　万字纹

一、万字纹的概念

万字纹指以“卍”字组成的连续纹样。据古籍记载，武则天长寿二年（公元693年）已将“卍”形读作“万”。在古印度、波斯、希腊也经常用这种纹样作装饰。我国常用它作为图案的底纹，用于纺织品、家具、建筑等装饰。在考古挖掘上，辽宁、青海等新石器时代遗址出土的陶器上就发现了许多“卍”字纹饰。所以说“卍”字在中国起源很早，可谓是中国最古老的纹饰之一。“卍”，与佛教东传有关，主要源于对佛经的翻译。《大方广佛华严经·入法界品》说，释迦牟尼“胸标卍字，七处平满”。在佛教中，“卍”和宝瓶等是象征吉祥的八件物品（即八吉祥）之一。“卍”在梵文里意为“致福”，有时写成“卐”。虽然写法有两种，但是运用在服饰纹样中，通常是左旋，即“卍”。“卍”字装饰在服饰织物上的历史也很悠久，覆盖区域也很广阔。在中外考古发现的文物中，“卍”字早在魏晋时期就已出现，那是因为此时佛教传入中国，象征佛教教义的图形纹饰也随之传入。自唐以后，汉族和很多少数民族开始常用“卍”字纹饰，特别是藏传佛教圣地西藏的藏民服饰与配件中，大量采用“卍”字作为装饰。除了昭示佛祖普度慈悲延绵无限之外，还带有世俗间那份向往美好生活的情感寄托，客观上反映出西藏农奴悲惨的生活境遇。

二、万字纹的形式特征

古代万字纹在织物中主要以三种形式呈现：

其一，“卍”字经常倾斜变形。因其独特的造型结构，无数个“卍”字可以首尾相连，组成菱形的万字“不断头”装饰。这种纹样大多被用作底纹，或单独装饰，或与其他散点纹样组合，形式感极强。同时，“不断头”也寓意奔腾不止、生命不息、万寿无疆之意（图1-28）。“卍”字不断头的应用率很高，原因是造型上可以不断循环，便于织造；装饰上可以随意搭配组合，易于设计；文化上蕴含富贵不断之意，标识吉祥。所以，“卍”字纹出现在古人生活中的各个角落。特别是在荷包、扇袋、手帕、香囊、衣被等纺织品上，“卍”字不断头永远带着一份吉祥意念，随着主人的起居出行而无声展现。

图1-28　“卍”字不断头，苏州丝绸博物馆藏

其二，与收尾相联的不断头迥异，还有一种“卍”字装饰手法是由单独“卍”字组成。这些“卍”字呈有秩序、有规律的排列，在画面中并不占据主要地位，一般是填嵌在其他繁复华贵的纹样空白之处，起点缀、丰富之用（图1-29[1]）。单独“卍”字装饰无论是在民

[1] 陈之佛．云锦图案［M］．上海：上海人民美术出版社，1958：10．

间还是宫廷织绣中都异常丰富，它较之其他传统纹样的符号概念更加明显，简单规整的笔画造型端庄秀雅，蕴含着无限的可能性和深邃的文化意蕴。

其三，在民间织物中，还有一些比较有新意的“卍”字设计，既非“卍”字不断头，又非单独完整的“卍”字，而是介于两者，处于似与不似之间，仔细看来，“卍”字之间由收尾相联的“寿”字纹贯穿四周，将“卍”字连在一起，别具意趣（图1-30、图1-31）。

图1-29　单独“卍”字纹样

三、万字纹的审美特征

万字纹是用“十”字向四周顺向曲折成“卍”字形，再互相联结成网状的一种纹样。因其上多饰花朵，所以元末明初文学家陶宗仪在《南村辍耕录》记载宋御府名画锦褾所用织锦中，有“紫曲水”一名，并注“俗呼落花流水”。今人多以落花流水称之，并成为著名纹样之一。落花与流水组用，源自唐宋诗词。唐代李白《山中问答》：“问余何意栖碧山，笑而不答心自闲。桃花流水窅然去，别有天地非人间”；唐代张志和《渔歌子》：“西塞山前白鹭飞，桃花流水鳜鱼肥”；宋代苏轼《书王定国所藏烟江叠嶂图》：“桃花流水在人世，武陵岂必皆神仙”。桃花在古代诗词中，往往与水相连，以示春汛。如唐代王维《桃源行》：“春来遍是桃花水，不辨仙源何处寻”；孟浩然《送元公之鄂渚寻观主张骖鸾》：“桃花春水涨，之子忽乘流”。宋代工艺美术的装饰中，汲取文学题材或直接由文人画家参与，故多产生诗意纹样。在纹样的发展变化中，曲水纹由原来的“卍”字变为水波，由桃花改为梅花，则更有一番新意。

图1-30　万福纹样，苏州丝绸博物馆藏

图1-31　新颖“卍”字纹样，苏州丝绸博物馆藏

“卍”字是古代祝吉的一种符号，在古希腊、波斯、印度等国均有应用。《辞海》：“卍字在梵文中作室利靺蹉（Srivatsa），意为吉祥之所集。佛教认为它是释迦牟尼胸部所现的瑞相，用作万德吉祥的标志。”古代又有人认为它是太阳或火的象征。我国在武周时期，曾将此字读为万。唐时慧琳《一切经音义》认为“卍”字应以右旋为准。我国各民族所用“卍”字均有不同意义，土家族认为“卍”字象征太阳光芒，象征万能神力，包藏宇宙，神圣无比；苗族认为“卍”象征水车，旋转不息，预示丰收；羌族认为“卍”字象征人畜兴旺；维吾尔族认为“卍”字象征吉祥等。在我国民间工艺美术中，“卍”字纹应用极多，有单用，也有“卍”字相连；“卍”字联结的称为“卍”字流水或“卍”字不到头，表示连绵不断、永无尽头的吉祥意义。

第五节 棋格纹

一、棋格纹的概念

棋格纹又称“棋盘纹”“方棋纹”。以方格形为骨架，在空余部位填饰花卉或其他纹样，故又有人称它为几何嵌花纹样。此类纹样结构严谨，工整中见活泼。常用于丝绸织花。

据北齐颜之推《颜氏家训·勉学篇》载，梁朝全盛之时，贵游子弟“无不熏衣剃面，傅粉施朱，驾长檐车，跟高齿屐，坐棋子方褥，凭斑丝隐囊，列器玩于左右，从容出入，望若神仙”。沈从文先生对文中所提的“棋子方褥”有过这样的解释，即“方褥”为毛织物，杯纹“连续起来即成棋子格图案”。该解释只能看作是对纹样形式上的描述，而不能作纹样由杯纹演变为棋子格纹的理解。既然纹样命名为棋子格，则可知这是一种方格形的纹饰，或是与之近似的具有四边形框格结构的纹样。

格纹最初的载体是毛织物，商周时期开始用于新疆地区的毛毡和毛织物中。这表明方格纹在由西向东传播的过程中，先由以织造毛织物为主的中亚游牧民族接受，而后东传。河北平山战国中山王墓出土的玉人，身着的衣物上所饰的正是这种方格纹（图1-32）。古中山国属北狄，玉人头上的角形冠在山西侯马也有出土，从地域上分析，此应与畜牧业为主的生活方式及信仰有关，玉人身上的方格纹衣物也极有可能为毛织物。

格纹形式由西向东，由毛、棉织物向丝织物蔓延，新疆地区出土的汉代毛、棉织物上大量的格子纹展示了格纹在其时其地的流传态势，尤其是一些棉织物上的蜡染格子纹（图1-33[❶]），与具有强烈异域特征的女神、狮子、联珠等纹饰并饰于织物。新疆民丰县尼雅遗址出土的东汉蜡缬棉织物甚至被研究者们推测是西方传入之物，这为格纹的东传提供了有力佐证。

图1-32 中山王墓出土战国玉人，河北省文物研究所藏

棋格纹与其他几何装饰纹样一样，源起于编织物组织纹理。在织纹中，这种形式的运用显得极为简洁自然。北朝两色方格纹平纹方框经锦依旧按分区排列彩经的方式织造，即织物由两种色彩的经纬线按1：1分区排列织成，纬线显花的缂织和绞编织物在色彩上较灵活。唐代的方方锦、蜀江锦（图1-34[❷]）是棋格纹的主要装饰载体。作为蜀锦的代表品种，方方锦、蜀江锦基本以棋格为结构，并在格中填花，规整而不失变化。

棋格纹在明清织锦上还常作为地纹出现，既有效衬托出主纹的形制，又增加了地部的层次变化，简洁有趣

❶ 缪良云. 中国历代丝绸纹样［M］. 北京：纺织工业出版社，1988：40.
❷ 缪良云. 中国历代丝绸纹样［M］. 北京：纺织工业出版社，1988：96.

图1-33 新疆民丰东汉墓出土的蜡染棉布

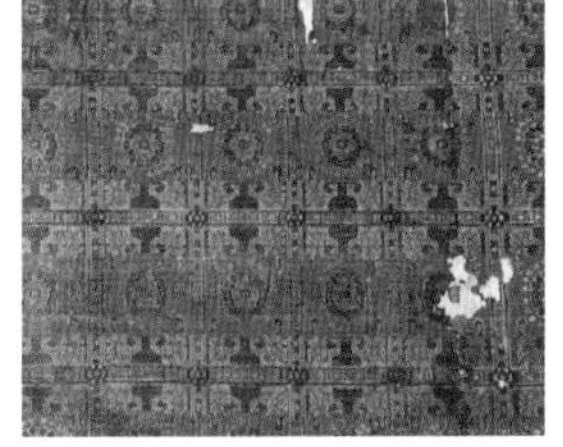
图1-34 蜀江锦，唐代

（图1-35[1]）。清末民初新创的月华锦、文华缎等也都一直延续着棋格纹的使用。

民国时期，由于生活方式和审美观的变化，棋格纹在服用丝织品中的使用频率和品种都大大超过古代，并很快成为当时最重要和最基本的丝绸纹样之一，在绉、缎、绡、纱等各类织物中都能看到它的身影（图1-36、图1-37[2]）。特别是在20世纪30年代，条格织物因更能突出文静与娴雅的女性气质而备受青睐，这可以从当时大量的传世老照片中得到印证。

图1-35 锦地开光龙凤纹织锦

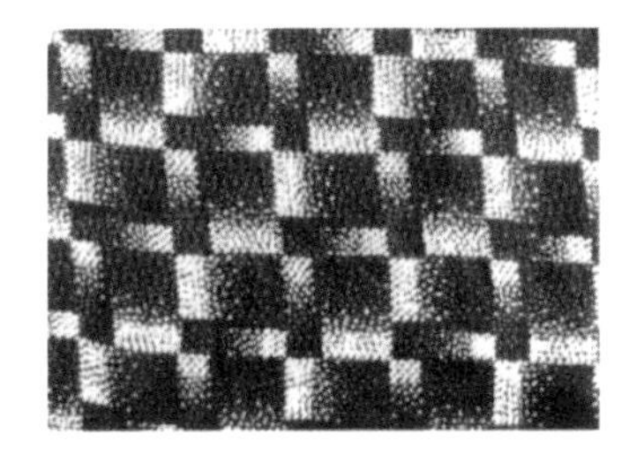
图1-36 民国棋格纹织物1

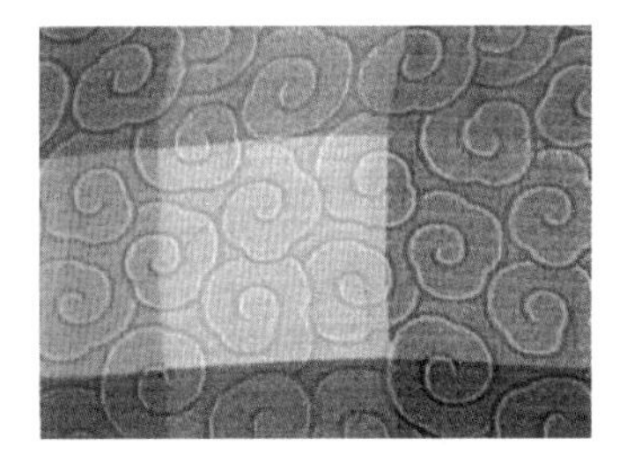
图1-37 民国棋格纹织物2

二、棋格纹的形式特征

棋格纹的形成主要有两种表现形式：一为色织工艺的棋格；二为印花工艺的棋格。从平面构成来看，色织棋格纹是由纵横色纱交织而成，犹如把平面分割为粗线垂直交错而形成；印花棋格纹则由单色黑层（或白层）上简单叠加单色白层（或黑层）而得到。两者不同在于，前者棋格数目为偶数，同在一个平面，且两种颜色完全均衡；后者棋格数目为奇数，有两个层面，主导色彩是背景层面的色彩。

棋格纹是“黑白”图形重复平移的结果，即黑白黑白黑白黑白。通过不断循环，棋格纹可以拆分为“黑白黑”“白黑白”“黑白黑白黑白”“白黑白黑白黑”等对称图形。这种特殊的重复排列，使我们无法辨别到底是“黑地白格”，还是“白地黑格”，以至于棋格纹总是在图案与背景之间平衡地徘徊。它总是处于一种运动的状态，呈现出独特的形式美感。

---

❶ 高春明．锦绣文章——中国传统织绣纹样［M］．上海：上海书画出版社，2005：520.

❷ 赵丰．中国丝绸通史［M］．苏州：苏州大学出版社，2005：670，671.

三、棋格纹的象征寓意

形式美的主要意义首先表现在人对简洁形状的适宜性上，而对事物的简化意识就是人特有的视觉心理倾向，这是一种视觉心理需要。人类简化心理体现在装饰纹样上，棋格纹以其横平竖直、简洁适宜的造型一直占据着重要地位而无以替代。

棋格纹以抽象到极致的方形为造型基础，删除了不必要的琐碎细节，其构成方式决定了它简洁的造型特点，与语言上的“言简”才能“意赅”有着异曲同工之妙。

棋格纹纵横交错，犹如织物经纬交织形式的映照，也蕴含着深厚的文化内涵。织物经过经纬相错而结实牢固，所以这种四方的结构在古人心中可能产生出稳固、牢靠的思想，并逐渐内化在人们的行动当中，从而引申出与营国和治国等相应的涵义。同时，无论织物纹样与结构如何繁多复杂，都可以通过一个个黑白方格组成。黑格代表经，白格代表纬，一黑一白，亦如一阴一阳，变化自在其中，构成世间万物，并推演出宇宙人生的规律和道理。自然界中的事物在相反对立及循环往复的规律中运动和变化，形成有无相生、难易相成、长短相较、高下相倾、音声相和、前后相随的变化方式，形成、发展和消亡于对立统一的关系之中。经纬正是在阴阳交织、虚实相间中阐释着立天之道，并演绎出人世的无穷变化和生命轮回，男女构精，万物化生，周而复始，永无休止。因此，经纬乃是道的显现，棋格遂为经纬的象征。

第六节　锁子纹

一、锁子纹的概念

锁子纹，指构成人字形交错连续的四方连续几何图案。它以三根浅弧线构成的“人”或“丫”字形为基本单位，通过不同方式连接或叠加形成的可无限循环的装饰纹样，作为传统几何纹的一种，常作为图案的地纹用于染织品、壁纸的装饰。宋代《营造法式》彩画作制度中将琐纹图案列为：“琐纹有六品，一曰琐子（联环琐、玛瑙琐、叠环之类同）……”

二、锁子纹的形式特征

与《营造法式》所书相仿，古代织物中锁子纹形式常现两种：一是连锁，二是叠环。

连锁是由浅弧线组成三角联环的一种几何纹，因形如锁链，故名。特点是以人字形单个纹样连缀成四方连续纹。明末清初著名学者方以智《通雅》卷三十七：“服琐，服之纹如连锁也……师古曰：‘服琐，细布，织为连锁之文也。’”明清锁子纹较为常见，多用于刺绣或织锦中。《红楼梦》中有凤姐屋中“靠东边板壁立着一个锁子锦靠背”。锁子纹也就是琐文，用丝线织成锁链形状套环纹（图1-38~图1-41❶）。

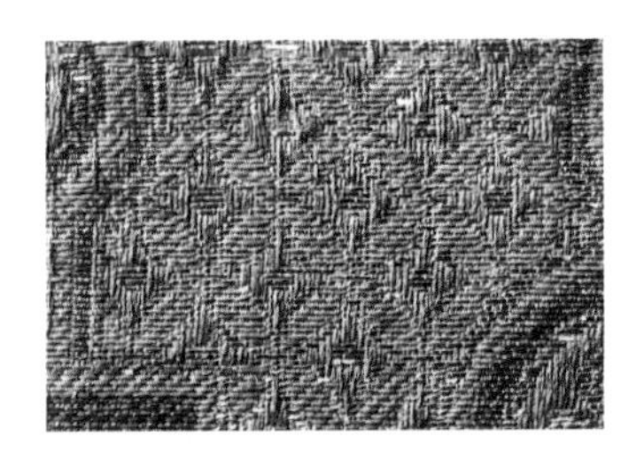
图1-38　连锁纹织锦，宋代

叠环是由紧密叠连的锁子构成的无缝几何纹，特点是单体锁子被设计成双股“丫”字形，一般多用作绫锦地纹，除单独使用外，有时还和其他几何图案组合成纹。叠环锁系从古代锁子甲演绎而来，其甲五环相衔，用以防弓箭用。前蜀贯休《战城南二首》：“黄金锁子甲，风吹色如铁”；宋代周必大《金锁甲》：“至今谓甲之精细者为锁子甲，言其相衔之密也”；明末张自烈《正字通・金部》：“锁子甲，五环相互，一环受镞，诸环拱护，故箭不能入。”锁子甲的构造比较复杂，通常以金属丝编织成紧密的环扣，环与环之间叠套相连，形成整体，有较强的抵御箭矢能力（图1-42~图1-45❷）。

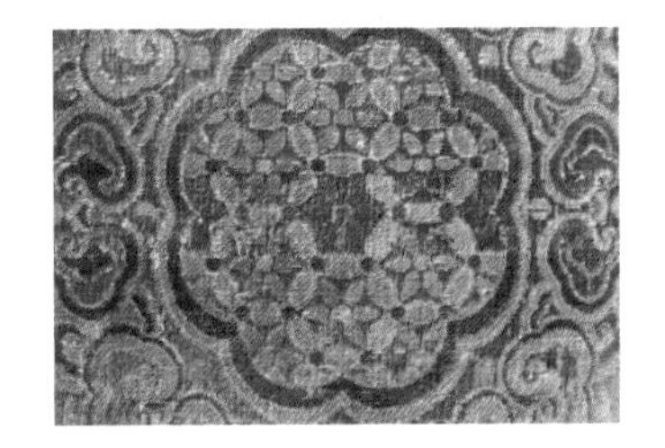
图1-39　连锁几何纹织锦，明代

图1-40　连锁纹刺绣，清代

三、锁子纹的象征寓意

锁子纹是古代吉祥纹样的一种，盛行于明清。其蕴含两层寓意：首先，以连环为代表的锁子纹，因首尾相接、互相扣结的圆圈或变形的团圈构成的图纹，也称“连环套”“古钱套”“九连环”。团圈之中多填以花卉纹样，寓富贵不断之意。其次，以叠环为代表的锁子纹，因其链环相勾连，而又相拱护，有联结不断之意，寓意永结同心。

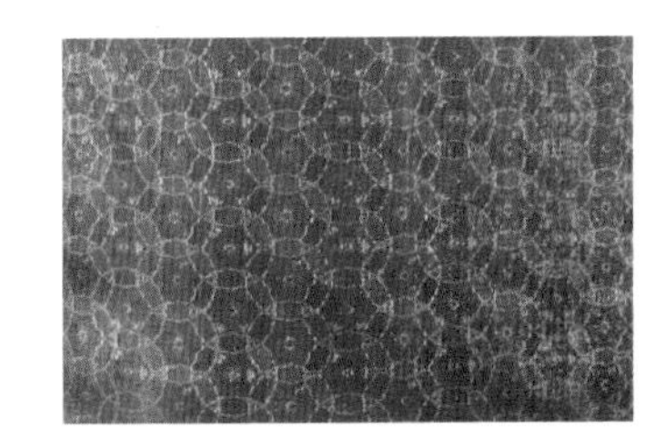
图1-41　连锁纹织锦，清代

第七节　龟背纹

一、龟背纹的概念

龟背纹指以六角形或偏长的六角形（少数用八角）连缀起来的四方连续纹样。六角形内多填以花卉纹样。形状似龟背的纹路而定名。龟在古代是“四灵”之一，是一种

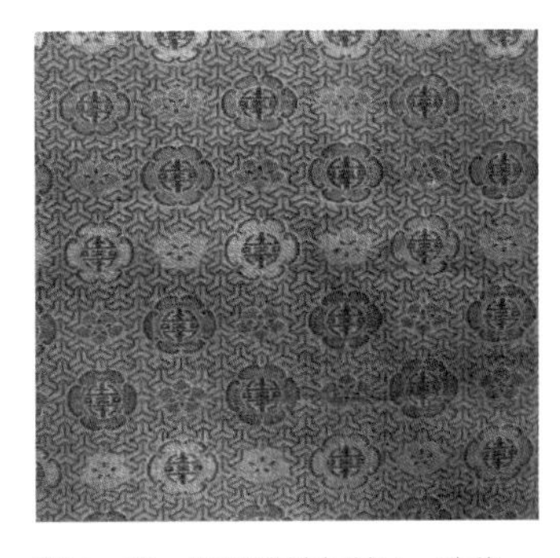
图1-42　叠环纹地织锦1，清代

❶ 高春明．锦绣文章——中国传统织绣纹样［M］．上海：上海书画出版社，2005：510，511.
❷ 高春明．锦绣文章——中国传统织绣纹样［M］．上海：上海书画出版社，2005：502，503.

图1-43　叠环纹地织锦2，清代

图1-44　叠环纹刺绣1，清代

图1-45　叠环纹刺绣2，清代

吉祥的灵物，是长寿的象征，受到广泛的欢迎。龟纹有罗地龟纹、六出龟纹、交脚龟纹、灵锁龟纹等，龟背纹是其中的一种。龟背纹由于线与面形成对比，使纹样具有很强的装饰性，简洁而不简单，规整又庄重（图1-46[1]）。

龟背是六边形，在一些当时的织锦中常见用于底纹。现存早期实物有新疆民丰尼雅汉墓出土的公元1~3世纪的龟背填四瓣花毛织物等（图1-47[2]、图1-48）。在北朝织物纹样中，除流行棋格纹外，还盛行具有异域风格的龟背纹。在北朝，棋格纹与龟背纹挟卷西方异域之风，由毛织物向丝织物发展，成为织物纹样中的新题材。唐代依然流行龟背纹（图1-49～图1-52[3]），且规格较高。《新唐书·地理志》："土贡：珉玉棋子、四窠、云花、龟甲、双距、溪鶒等绫。"《新唐书·舆服志》："太宗时，又命七品服龟甲、双距十花绫，色用绿。"宋代将龟背纹纳入琐纹的六种形式之一。李诫所著的《营造法式》将琐纹图案列为："琐纹有六品……三曰罗地龟文，六出龟文、交脚龟文"。宋元以后，龟背纹运用较广，除用于民间衣物之外，还广泛用于士兵铠甲，取坚硬之意。

图1-46　龟背纹线图

图1-47　龟背纹织锦，汉代

图1-48　北魏龟背纹刺绣，敦煌研究院复制

二、龟背纹的形式特征

在古代中国，龟背纹有着悠久的传统，

[1] 缪良云．中国历代丝绸纹样［M］．北京：纺织工业出版社，1988：124.
[2] 高春明．锦绣文章——中国传统织绣纹样［M］．上海：上海书画出版社，2005：497.
[3] 高春明．锦绣文章——中国传统织绣纹样［M］．上海：上海书画出版社，2005：498-500.

但有不少种类与西方文化的影响有关。

龟背纹通常以正六边形的框架结构出现在纹样中，因形似龟背甲骨的纹理而得名。六边形框格纹是希腊化装饰艺术中广泛应用的形式。纺织品中，如公元5世纪埃及套头衣饰带，也是龟背填花的形式，并具有鲜明的希腊化装饰风格；又如克孜尔石窟第207窟壁画《蛤闻法升天缘》中佛坐像下的龟背纹毯。这种形式由西向东传播，初为毛织物装饰，后成为丝织物的重要装饰纹样。许多考古信息可以为据，例如，现出土的最早龟背纹织物为毛织物；扎滚鲁克出土的白地红花草纹锦为新疆地产的丝线加捻的平纹纬锦，在若隐若现的六边形结构中填有三叶纹，也是典型的西域装饰风格；北魏时期的敦煌壁画中有龟背纹和忍冬纹结合的形式，敦煌还出土了龟背忍冬纹刺绣。忍冬纹为魏晋南北朝时期随佛教传入的西方装饰纹样，忍冬纹与龟背纹结合出现、龟背纹以联珠排列而成的形式都是西域风格无疑。

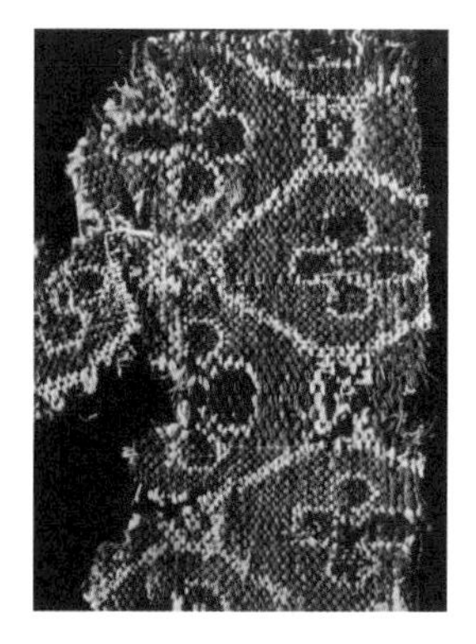

图1-49　白地红花草纹锦

图1-50　龟甲佛教人物纹锦，唐代

图1-51　龟甲王字纹锦，唐代

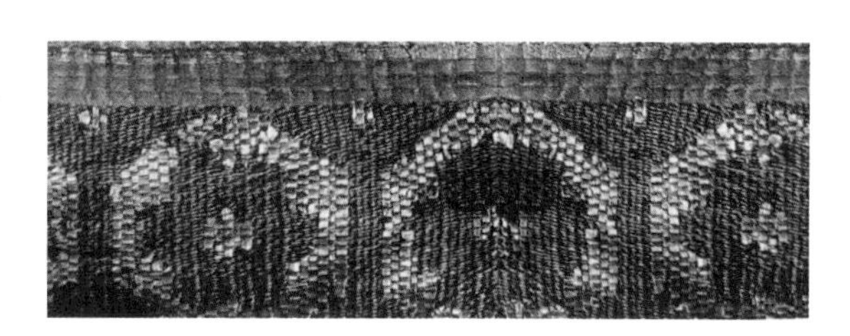

图1-52　龟甲纹织金锦，唐代

龟背纹流行于北朝至隋，在魏晋至唐初的墓葬中均有实物出土。从形式上看，有龟背填花形式、龟背与其他结构线组合的形式。第一种形式的六边形框架清晰完整，如新疆吐鲁番阿斯塔那出土的黄色龟背填花纹绫（图1-53）、北朝狮象莲花纹锦（图1-54）等；第二种则与其他纹样结合，没有明确的结构框，但纹样间的组合排列中仍暗含六边形造型，如清代龟甲纹锦（图1-55[1]）。

此外，龟背纹中还有一种小六边形集合为大六边形的结构，多见于唐初高昌国墓葬和唐西州时期墓葬，如阿斯塔那M44号墓出土的唐永徽六年（公元655）的龟背王字纹锦。此类纹样已失去框格的结构，成为龟背纹的另一种形式。

[1] 高春明．锦绣文章——中国传统织绣纹样［M］．上海：上海书画出版社，2005：501．

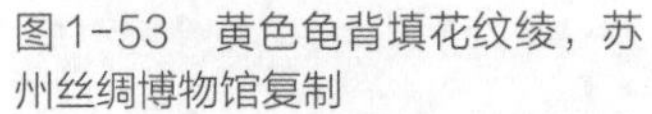

图1-53　黄色龟背填花纹绫，苏州丝绸博物馆复制

图1-54　狮象莲花纹锦摹纹

图1-55　龟甲纹锦，清代

三、龟背纹的审美特征

古时以龟甲作为占卜工具，谓能兆吉凶；《庄子·秋水》谓："吾闻楚有神龟，死已三千岁矣。"故名谓龟长寿，是一种灵物。多用作图案，以示吉祥。

龟背纹较之自然形纹样的自由无拘，更具一种严密、规律、比例、节奏的理性美。它在宋代流行，因其富于理性的结构特点，正好吻合了宋代重理的审美逻辑。其不断连续的抽象表现，不仅符合了当时发达的书画装裱审美要求，更满足了人们期望连绵不绝、富贵长久的审美心态，表达了人们对美好生活的向往。

第八节　八搭晕

一、八搭晕的概念

八搭晕，又称"八答晕""八路相通""八达晕""八达韵"等，是一种中心为八面形，向八面延伸联结成网状的四方连续组织。八搭晕变化甚多，在八面的几何形中常饰以锁子、万字、盘绦等各种几何纹，繁复华美，因系八面组成，故又称"斗八"。

八搭晕应用很广，在魏晋时期敦煌藻井中，称为"平棋"的纹样实际是它的雏形。在宋锦中，八搭晕是其主要的品种，《清秘藏》所记的宋锦中，有八花晕锦，即八搭晕；《蜀锦谱》所记成都锦院的土贡锦中亦有八搭晕锦，可见其在当时甚是流行。唐代生产的大绸锦、晕绸锦均用此纹样。有人认为八搭晕，即八种花样搭配，既搭且晕。所谓"晕"即以微妙的色阶变化来表现色彩浓淡、层次和节奏的一种形式。元代，四川彩锦继续流行"长安竹、天下乐、雕团、宜男、宝界地、方胜、狮团、象眼、八搭韵、铁梗蘘荷”，称为“十样锦”。八搭晕纹样在名锦中应用最多。

二、八搭晕的形式特征

八搭晕的典型特征是以圆形为中心，从骨架线向上下左右及四个斜角共八个方向联结成网架。这是一种满地规矩纹，几何地子极为严谨规整，也经常将方、圆等各种几何纹和自然纹相结合。八搭晕这种用规矩的方、圆等各种几何形和自然形组织起来的纹样，是一种最精制作的满地规矩纹（图1-56）。

八搭晕是以圆形和方形为框架构成图案，主要分为两种形式：圆形和方形的框架组合、圆形和圆形的框架组合。

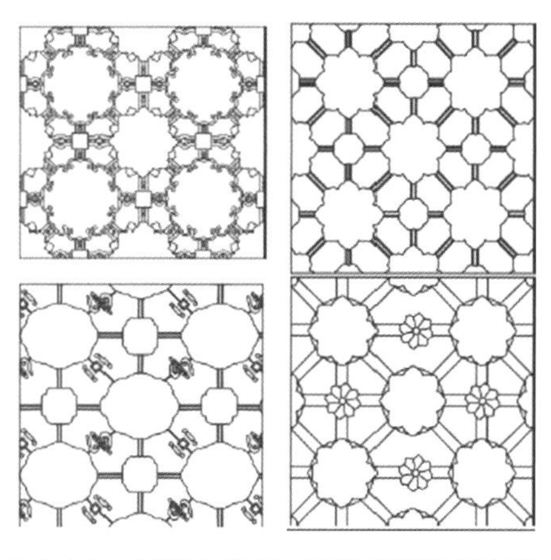

图1-56 八搭晕骨架图，苏州丝绸博物馆复制

圆形和方形的框架组合：此形式组合中，圆形的具体造型有两种形式。第一种如意团花，主题纹样为如意团花，内饰凤纹、蝴蝶纹、连钱纹等纹样，周围衬以满地连钱纹、折枝莲花纹及云纹等，组成富于变化的锦式骨架（图1-57、图1-58）。第二种圆形框架，由圆形和方形组合而成，主题纹样为圆形，常内饰一圈十二章纹中的黻纹及抽象鸟纹，方形骨架内填充花卉纹（图1-59）。

圆形和圆形的框架组合：“Scholars and Monkeys under Trees”包首锦亦为八搭晕。整个图案为清地，由大小不同的两个圆形构成框架。其构图形式及填充纹样与一件私人收藏的明代蓝地八搭晕锦类似，主题纹样亦是如意团花，但其层数及内部填饰纹样要简单得多，内部填饰几何花卉，周围填饰折枝牡丹花。“Rice Culture, or Sowing and Reaping”包首锦框架亦为大圆形与小圆形的组合，小圆形为八瓣花，整体构图和填饰纹样与“Scholars and Monkeys under Trees”包首锦较为相似（图1-60、图1-61）。

图1-57 八搭晕锦，清代，苏州丝绸博物馆藏

图1-58 《仿金廷标孝经图》册页面板，苏州丝绸博物馆藏

图1-59 八搭晕锦，宋代，苏州丝绸博物馆藏

图1-60 “Scholars and Monkeys under Trees”包首锦，苏州丝绸博物馆藏

图1-61 “Rice Culture, or Sowing and Reaping”包首锦，苏州丝绸博物馆藏

三、八搭晕的审美特征

八搭晕纹样庄重华美，配色艳丽而富有变化。因线与线之间互相沟通，朝八方辐射，寓“八路相通”之意。《尔雅》:“一达谓之道路……八达谓之崇期。”郭璞注:“四道交出”。《说文解字》:“八，别也。象分别相背之形。”即四面八方。后又以八与发谐音，故有“要得发，不离八”的俗语。八是吉数，八搭晕为四通八达，具有吉祥的意义。它的规则严谨、繁而不乱所呈现出的雄浑气派，反映了古人崇尚稳重、规矩、平衡的审美喜好。

八搭晕配色艳丽而富有变化，采用微妙的色阶变化来表现色彩的浓淡、层次和节奏。用于书画装裱的八搭晕锦配色亦是如此，如“Two Paintings of Deer Antlers”包首锦就是采用几种不同明度与纯度的蓝色作为主色调，再配上金色、黄色、橘红色、绿色等艳丽的色彩，使得整个图案具有一定的层次感和节奏感。

思考与练习

1. 结合实际图例分析几何纹样的造型特征、装饰规律与形式美感。

2. 比较中外几何纹样的异同，分析原因。

3. 请结合实际，阐述几何纹样在当今纺织品面料上的应用形式及意义。

4. 请结合流行趋势试述如何对几何纹样进行创新发展。

动物纹样

课题名称： 动物纹样

课题内容： 1. 龙纹

2. 凤纹

3. 禽鸟、瑞兽纹样

4. 衣冠等级上的禽兽纹样

课题时数： 4课时

教学目的： 主要阐述动物纹样的发展过程及其内在的形式特征和审美内涵。使学生了解动物纹样从写生到装饰的发展变化，提升学生的创造能力。

教学方法： 讲授与讨论

教学要求： 1. 掌握龙纹、凤纹不同发展阶段的形态特征。

2. 了解珍禽瑞兽纹的审美寓意及构成形式。

课前准备： 教师准备相关动物纹样的图片以及应用的实例图片，学生提前预习理论内容并搜集现代动物纹样图片案例。

第二章 动物纹样

动物纹样在我国丝绸装饰领域的应用甚早，这与原始的图腾崇拜有着密切的关系。图腾是原始社会各氏族公认的与本氏族集团有着一定血缘关系的一种动物或自然物，是一个族群的族徽，在氏族内有着极其崇高的地位，常常出现在生活领域的各种装饰中，如衣冠服饰、生活器具等，有的甚至还在身体上绘刻此种图样，以示信仰。商周时期，动物纹样大量应用在装饰领域，但与先前不同的是，此时的动物纹更多地渗入了抽象的成分，使其在具备兽性的同时，更多的透露出神秘性，造型夸张、狰狞，具有超凡的威慑力量，其中最具代表性的就是“饕餮”纹。“饕餮”纹作为一种幻想出来的动物性纹样大都用于青铜器装饰，在丝织品装饰上未见应用。但从商周时期的相关文献记载来看，动物纹样已经应用于当时帝王后妃的礼服之上，但仅存在于文字，难得其见。如“十二章纹”中“华虫”一章即为飞禽、“宗彝”一章上则有虎纹。华虫就是长尾野鸡，因其文采鲜艳，寓意文章之德，所以用作帝王衣饰。

图2-1 凤鸟花卉纹绣，战国，湖北江陵马山一号楚墓出土

商周以后因受谶纬学说的影响，人们对动物的认识蒙上了更神秘的色彩，除了龙凤之外最鲜明的就是四神纹。所谓“四神”即“四灵”，分别指龙、凤、麒麟、龟蛇合体的玄武，是祥瑞之征。《礼记・礼运》中记载：“何谓四灵？麟、凤、龟、龙谓之四灵。”这四种现实中的动物代表着鳞、毛、羽、虫四类动物。相传只有在阴阳调和、圣人出现时，四灵才会出现。春秋战国以后，一些现实生活中的动物被赋予了吉祥寓意而出现在织绣纹样中，并有大量的实物可见，如湖南长沙马王堆、湖北江陵等地楚墓出土的衣衾中，就有大量的动物纹。这个时期的动物形象多富有装饰趣味，写实风格的作品不多。鸟身或为正向或为侧向，且大多经过变形处理，给人以神秘浪漫之感，龙、凤、虎、豹等则身形矫健，腾云驾雾，且多长有双翼，带有神秘的浪漫主义气息（图2-1～图2-3）。除了现实生活中的动物及四灵以外，还

出现了桃拔、天禄、辟邪等臆造出来的神兽。相传桃拔似鹿、长尾，能拔出世间不祥。天禄（鹿）、辟邪与其相类，唯头部之角有区别：一角为天禄，二角为辟邪。这些神兽一直被视为驱邪除恶的象征，它们的形象也经常被用于坟墓陵寝，作为镇墓的守护之神。北周庾信的《春赋》中也有“艳锦安天鹿，新绫织凤凰”的描写。

图2-2　龙凤相蟠纹禅衣，战国，湖北江陵马山一号楚墓出土

唐代时期，据文献记载可知那时已有在服饰上装饰动物纹样来表示一定的等级、职务。《旧唐书·舆服志》记载：“延载元年五月，则天内出绯、紫单罗铭襟、背衫，赐文武三品以上：左右监门卫将军等饰以对狮子，左右卫饰以对麒麟，左右武威卫饰以对虎，左右豹韬卫饰以对豹，左右鹰扬卫饰以对鹰，左右玉铃卫饰以对鹘，左右金吾卫饰以对豸，诸王饰以盘石及鹿，宰相饰以凤池，尚书饰以对雁。”

图2-3　凤鸟花卉纹镜衣，战国，湖北江陵马山一号楚墓出土

动物纹样应用最为典型的代表当属明清以来的补子纹样，清代梁绍壬在《两般秋雨盦随笔·补子》中写到：“品级补子，定于洪武，行于嘉靖，仍用至今”。补子又称胸背，简称补，是明清时期官员的朝服上的一块方形装饰图案，是识别官员等级的一种标识。清代俞樾《茶香室丛钞·背胸》载：“刘廷玑《在园杂志》云：‘朝衣公服，俱用补子。绣仙鹤锦鸡之类，即以鸟纪官之义。’……按补子之名，殊无意义，宜称背胸为是。”补子又分为文、武两种，文官的补子图案用飞禽，武将的补子图案用猛兽，人们常说的“衣冠禽兽”即来源于此。补子上图案主要以飞禽走兽为主，周围还绣有海水、江崖、祥云、八宝、太阳等，寓意“海水江崖，江山永固”。补服均由当时的江南三织造（南京、苏州、杭州）督办制作，用料讲究，做工精良，尺寸、图案都有严格规定，官员不能私自改变身上与其品级相对应的官服。据《明会典》记载，洪武二十四年（1391年）规定了补子图案，公、侯、驸

马、伯绣麒麟、白泽；文官绣禽，以示文明：一品仙鹤，二品锦鸡，三品孔雀，四品云雁，五品白鹇，六品鹭鸶，七品鸂鶒，八品黄鹂，九品鹌鹑；武官绣兽，以示威猛：一品麒麟、二品狮子，三品豹、四品虎，五品熊罴，六品彪，七品、八品犀牛，九品海马；杂职绣练鹊；风宪官绣獬豸。除此之外，一些舞、乐、工、吏杂职人员也可用杂禽、杂花补子。宫内还会根据节令的不同而使用应景补子，如正月十五元宵节的“灯笼景”补子、五月端午节的“五毒艾虎”补子等。明代逢上元灯节，内臣宫眷皆须穿戴灯景补子蟒衣，以应节令。明代刘若愚《明宫史》称：“十五日曰‘上元’，亦曰‘元宵’，内臣内眷，皆穿灯景补子蟒衣。”还有补子图案为蟒、斗牛等题材的，应归属于明代的“赐服”类。

第一节　龙纹

龙是我国古代神话传说中的一种动物，是中华文明的象征。龙作为一种图腾崇拜，早在五千年前的新石器时代就已出现，如红山文化时期的玉龙、仰韶文化的濮阳龙、商周青铜器上的夔龙纹等。后来逐渐演变成为一种装饰纹样，并被封建统治者拿来作为皇帝及皇家的象征，而且具有了极为丰富的社会属性，并沿用至今。

龙纹在丝织物上的出现也有着悠久的历史，如战国时期湖南长沙陈家大山楚墓出土的帛画《人物龙凤图》（图2-4）上就绘有翻腾飞跃的龙纹；此外，长沙战国墓及湖北江陵马山楚墓中也发现了大批造型优美、矫捷生动的刺绣龙纹（图2-5、图2-6）。宋元之后，龙纹成为帝王、权贵的象征，并在其服饰上大量应用，成为龙纹应用的典型，并有大量实物传世。在传统丝织物上，龙纹通常还会与云气纹、凤纹、狮虎纹等组合成含有吉祥寓意的纹饰。

图2-4　人物龙凤图帛画，战国，湖南长沙陈家大山楚墓出土

一、龙纹的形象特征

龙纹作为人们的主观创造物，它没有客观物质实体的存在，但它综合了许多客观实体的形象，从简单到复杂、从抽象到具象、从神秘到世俗，逐步发展为具有民族理性思维和观念

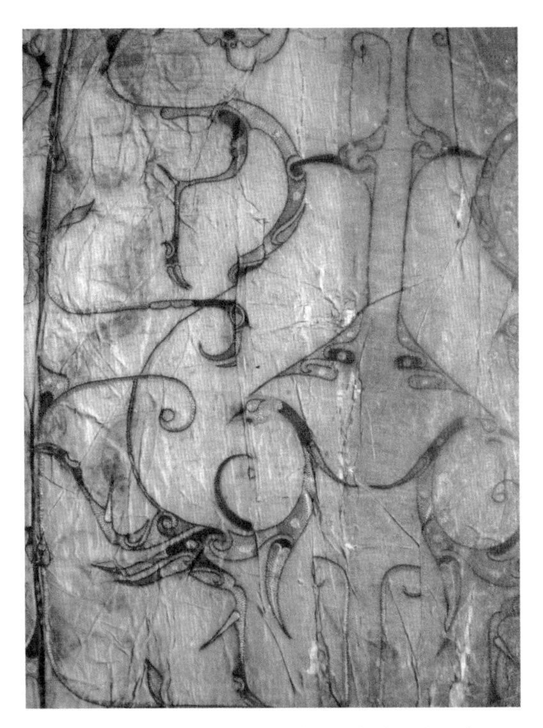

图2-5 刺绣对龙对凤纹1，战国，湖北江陵马山一号楚墓出土

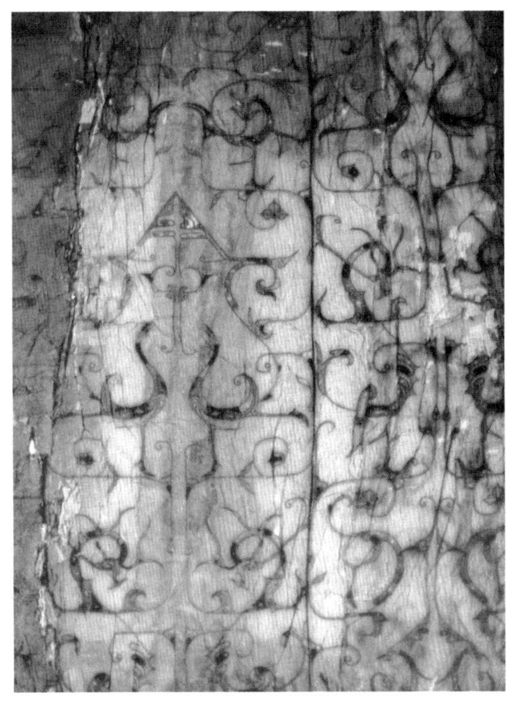

图2-6 刺绣对龙对凤纹2，战国，湖北江陵马山一号楚墓出土

的形象化表征物，成为凝聚中华民族的文化传承和族源认同的标志。

（一）夔螭龙

夔和螭都是传说中的神兽，作为装饰纹样主要盛行于商周，并被一直沿用。夔的形状在《山海经·大荒东经》中记载为“其上有兽，状如牛，苍身而无角，一足，出入水则必风雨，其光如日月，其声如雷，其名曰夔”；《说文解字》中对夔的解释是“神魖也。如龙，一足，从夊；象有角、手、人面之形”。可见夔是一种龙类的怪兽，其特征是一足、张口卷尾，以表现游动的身躯为主，盘曲无常，主要用于装饰器物的颈部、口部以及填饰兽面纹的空间部位和车舆服饰等（图2-7～图2-10）。

“螭”被认为是龙子，是传说中的无角龙，《广雅》中记载：“无角曰螭龙”。螭的形象跟夔相似，周身蟠曲缠绕，有明显的层次重叠，也叫做“蟠螭纹”。多用来装饰青铜器及车舆服饰，多见于商周之后。宋代

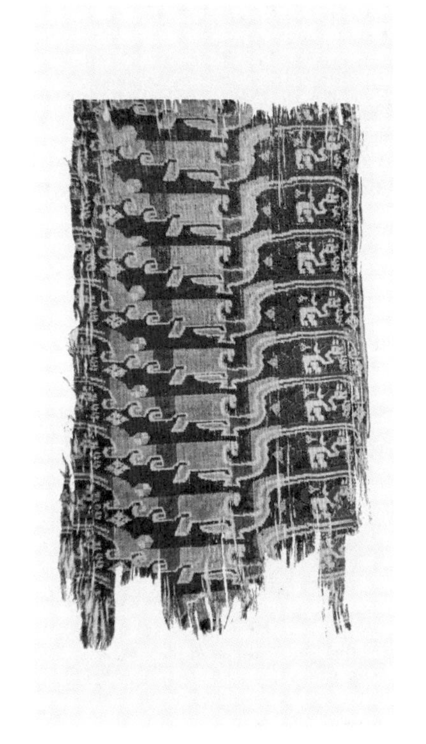

图2-7 夔纹织锦，北朝，新疆阿斯塔那出土

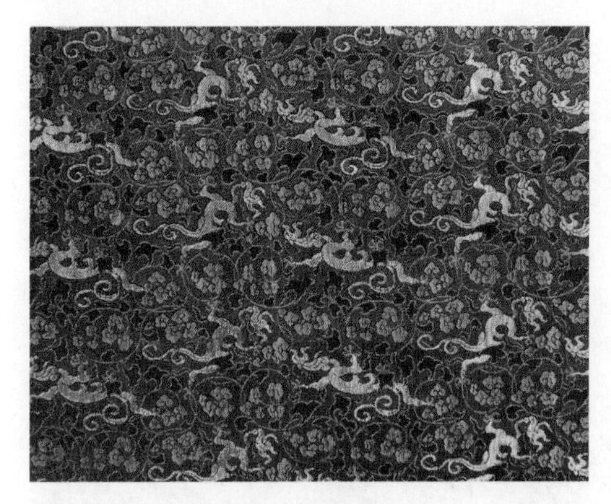
图2-8 绿地忍冬祥云夔龙纹锦，金代

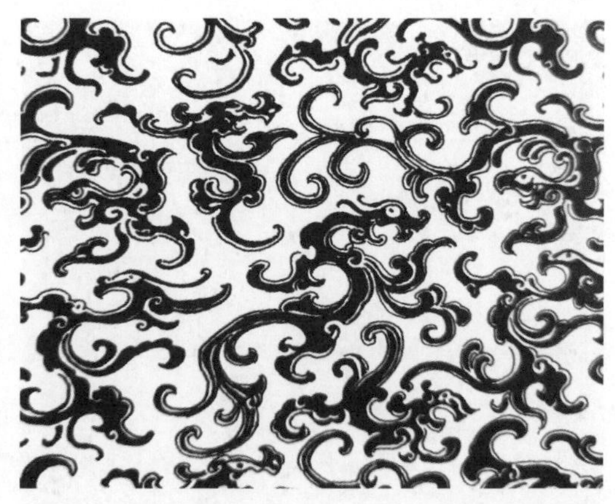
图2-9 夔龙夔凤纹锦纹样，清代，北京故宫博物院藏（绘制）

图2-10 夔龙凤灵芝纹重锦，清代，北京故宫博物院藏

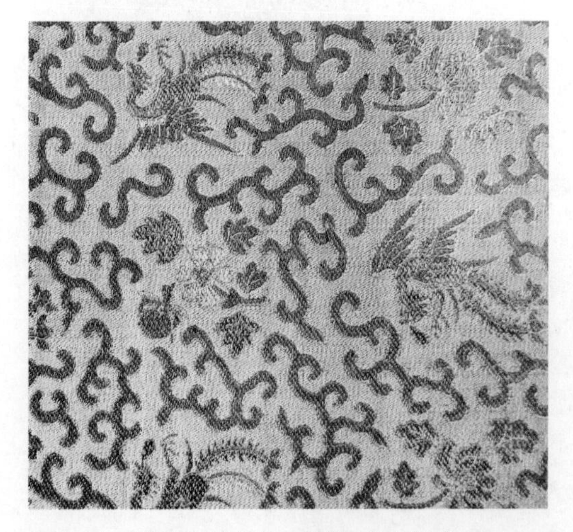
图2-11 翔凤螭龙纹织锦，清代，私人收藏

李元膺的《十忆诗·忆妆》有“宫样梳儿金缕犀，钗梁水玉刻蛟螭”的诗句，即描述的此类纹样。明清时期，夔螭龙纹被赋予新的寓意，逐渐演变为吉祥纹样的一种（图2-11）。

夔螭龙属于龙纹发展的萌芽期，其造型简洁抽象、形状变化怪异，且无定式可依，并由此衍生出虬、蟠虺纹等类龙纹。

（二）走兽龙

春秋战国时期的龙纹有四肢，头部造型简洁似蛇，身躯为蛇形长体做交缠穿插状，以突出躯干腾绕之势，晚期则向兽性发展（图2-12）。到了汉代，龙纹多为单体，四肢强健，龙角出现分叉，尾部较长，作扬头行走状。走兽龙经历了从单纯到多样、从抽象到写实、从清雅到丰腴、从神秘到世俗的演变。其造型已经逐步完善，身体各部分发展得很完整、丰富，为以后的朝代所直接继承，最为典型的就是汉代瓦当上的青龙纹（图2-13）。

（三）蛇蟒龙

宋元时期，龙纹发生了重大变化，汉唐以来的走兽龙进一步发展，其身体更加修长

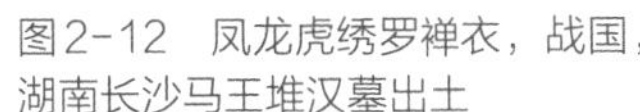

图2-12　凤龙虎绣罗禅衣，战国，湖南长沙马王堆汉墓出土

图2-13　青龙纹瓦当，汉代，陕西博物馆藏

似蟒蛇，其上长满鳞甲，四肢粗短有力，可以翻腾起伏、行走坐立（图2-14～图2-16）。在五代南唐画家董羽的《画龙辑议》中，关于龙具体形象的描述有“头似牛，嘴似驴，眼似虾，角似鹿，耳似象，麟似鱼，须似人，腹似蛇，足似凤”。可以看出，此时的龙纹是各种动物特征的组合体。《尔雅翼》中也有龙有九似之说。在形态上，此时的龙纹有坐龙（图2-17）、升龙（图2-18）、正龙（图2-19）、立龙（图2-20）、降龙（图2-21）、团龙（图2-22）、侧龙（图2-23）等不同姿态，《周易》曰：“云从龙。”云气绕身，露头藏尾

图2-14　缂丝百花辇蟒纹衣料局部，11~12世纪，美国纽约大都会博物馆藏

图2-15　团龙灵芝纹织金锦，元代，北京故宫博物院藏

图2-16　缂丝百花辇龙纹，元代，美国大都会博物馆藏

图2-17　坐龙纹刺绣，明代，北京故宫博物院藏

图2-18　升龙纹刺绣，清代，北京故宫博物院藏

图2-19　正龙纹刺绣，清代，北京故宫博物院藏

图2-20　立龙纹织锦，清代，北京故宫博物院藏

图2-21　八团升降龙罗地簇金绣龙袍局部，辽代，私人收藏

图2-22　万历皇帝织金妆花绸织成的袍料局部，明代，北京故宫博物院藏

的是云龙，盘曲成圆的是团龙，正面的是坐龙，侧面的是行龙，向上飞腾的称升龙，向下俯降的是降龙，尚未升天的是蟠龙，好栖于水的是蜻龙，喜火的是火龙。

发展到明清时期，龙纹的艺术形象已经完全定型，即所谓“行如弓，坐如升，降如闪电，升腆胸”。闻一多先生在《伏羲考》中说龙以蛇身为主体，接受了兽类的脚、马的毛、牛的尾、鹿的角、狗的爪、鱼的鳞和须。这些描述虽各有不同，却反映了龙纹形象的多样性（图2-24、图2-25）。

图2-23　侧龙纹织锦，明代，北京故宫博物院藏

蛇蟒龙中有龙纹跟蟒纹之分，主要区别在于四肢上爪的多少，所谓：“五爪为龙、四爪为蟒”。宋元时期的龙纹多是三趾蟒龙，明清时期的多为四趾蟒龙。蛇蟒龙属于龙纹的发展成熟期，总体来说，龙纹形象此时已经非常完善，而且呈现出规范化、程式化、宫廷化的特征（图2-26、图2-27）。

二、龙纹的文化内涵

（一）皇权与权贵的象征

龙纹作为大众创造的一种艺术形象，一直被统治者视为权贵以及帝王权力神化的象征，广施于皇室的建筑、车舆、旗帜以及衣冠服饰之上（图2-28、图2-29）。

图2-24　纳绣过肩云龙“喜相逢”，明中期，私人收藏

图2-25　蓝地缂丝金龙寿字彩云金龙海水江崖纹龙袍，清顺治，北京故宫博物院藏

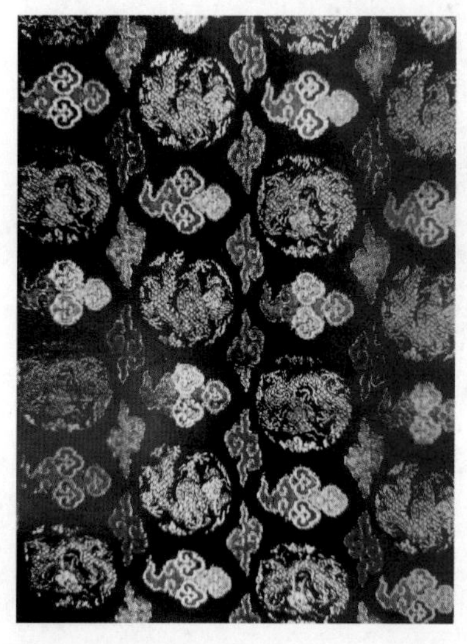
图2-26　蟒纹妆花缎，清代，北京故宫博物院藏

图2-27　赭色二经绞纱地盘金彩绣蟒袍，清乾隆，耕织堂藏

早在周代，龙便是贵族的象征，因龙为鳞虫之长，故比喻头领，所以古人会使用龙旗象征首领。《周礼》规定“五爪（趾）天子，四趾诸侯，三趾大夫”。《汉书·韦贤传》载“肃肃我祖，国自豕韦，黼衣朱绂，四牡龙旗”。自周代沿用下来的“十二章纹”中亦有龙纹记载，《虞书·益稷》篇中记载：“予欲观古人之象，日、月、星辰、山、龙、华虫，作会（即绘）；宗彝、藻、火、粉米、黼、黻、絺绣，以五采彰施于五色，作服，汝明。”“十二章纹”一般应用于最高统治者的服饰显著位置之上，并一直沿用到明清时期。

图2-28　红地织金云蟒纹妆花缎织成的帐料，明代，北京艺术博物馆藏

图2-29　明黄色缎绣彩云黄龙夹龙袍，清代，北京故宫博物院藏

汉代时，董仲舒提出："唯天子受命于天，天下受命于天子"的思想，天乃虚幻概念，何以"受命"，龙能升天，所以就通过龙来传达，因此龙被上升到了至高的地位，成为精神的统治者。宋代开始，龙纹的使用仅限于皇室，皇帝穿的衣服谓"龙袍"、坐的是"龙椅"、睡的是"龙床"、行的是"龙辇"，普通的官吏及老百姓则不得使用。宋代周密的《癸辛杂识》曾记载："前后权臣之败，官籍其家，每指有违禁之物为叛逆之罪。若韩侂胄家有翠毛裀褥、虎皮，及有织龙男女之衣，及有穿花龙团之类是也。"元代对龙纹的规定更加细化，大龙为五爪二角，禁止民间使用，此外还有三爪、四爪之龙。《元史·舆服志》载："服色等第……蒙古人不在禁限，及见当怯薛诸色人等，亦不在禁限，惟不许服龙凤文。"明清时期，龙纹的发展已极为成熟，完全成为帝王的专属，而帝王本身也有了"真龙天子"这一封号。清代《清会典图·冠服》记载："凡五爪龙缎、立龙缎……官民不得穿用。若颁赐五爪龙缎、立龙缎，应挑去一爪穿用。"在古代王朝封建制度的统治下，龙纹一步步发展成为君主权力的最高象征符号，并出现在帝王服饰中最为显著的部位，如胸前、袖处、肩膀处或背部等（图2-30）。

图2-30　明黄地织金妆花缎柿蒂过肩云蟒龙纹，明代，私人收藏

龙纹作为皇权及权贵的代表，除皇帝之外，在皇族内成员、大臣及宦官中亦有所用，为了与皇帝所用龙纹有所区别，特规定皇帝所用为五爪龙纹，其他所用为四爪蟒纹（图2-31）。皇帝将五爪的龙衣赏赐给近臣或有功之人时，受赐者必须剔除一爪方可使用。《明史·舆服志三》载："按《大政记》，永乐以后，宦官在帝左右，必蟒服，制如曳撒，绣蟒于左右，系以鸾带，此燕闲之服也。次则飞鱼，惟入侍用之。贵而用事者，赐蟒，文武一品官所不易得也。单蟒面皆斜向，坐蟒则面正向，尤贵。又有膝襕者，亦如曳撒，上有蟒补，当膝处横织细云蟒，盖南郊及山陵扈从，便于乘马也。或召对燕见，君臣皆不用袍，而用此；第蟒有五爪、四爪之分，襕有红、黄之别耳。"弘治元年，都御史边镛言："国朝品官无蟒衣之制。夫蟒无角、无足，今内官多乞蟒衣，殊类龙形，非制也。"乃下诏禁之。十七年，谕阁臣刘健曰："内臣僭妄尤多。"因言服色所宜禁，曰："蟒、龙、斗牛（图2-32、图2-33）、飞鱼（图2-34），本在所禁，不合私织……然内官骄恣已久，积习相沿，不能止也。"为了和皇帝所用龙纹有所区别，后规定去一爪，但执行情况不甚严格。清代沿用明制，官员的礼服俱用蟒纹，所绣之蟒皆为四爪。清代刘廷玑《在园杂志》卷一载："衣服上所织四爪者谓之蟒，民间通用；五爪者谓之龙，非奉钦暨诸王赏不得擅用。"《清史稿·舆服志》曰："朝服，蓝及石青诸色随所用。披领及袖俱石青，片金缘，冬加海龙缘。两肩前后正蟒各一，腰帷行蟒四，中有襞积。裳行蟒八……皆四爪。"若获皇帝赏赐，亦可以用五爪及三爪。《钦定服色肩舆永例》云："凡违禁衣物，如五爪、三爪蟒，苏绣圆补子，黄色、秋香色，玄狐……如御赐，许穿用。若非御赐，听其从容变卖，不许穿用。"清代晚期，制度松懈，普通官服通用五爪，其形与龙无别。

（二）祥瑞的征兆

龙除了作为权力的象征之外，在统治者及普通百姓眼里还是瑞应的征兆，龙的出现总是预示着吉凶或天子圣人至。如《宋书·符瑞上》云："黄龙以戊己日见，五色文章皆具，

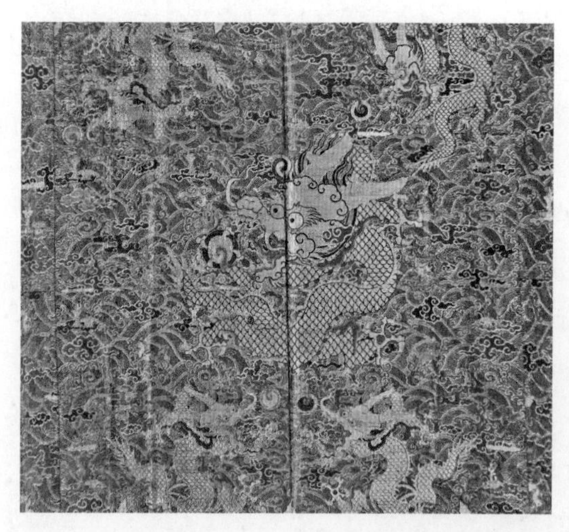

图2-31　普蓝织金云蟒海水纹妆花缎织造的坐褥面，清代，北京故宫博物院藏

图2-32　斗牛纹补子，明代，南京云锦研究所复制，北京故宫博物院藏

图2-33 斗牛纹织锦补子，明中期，私人收藏

图2-34 飞鱼纹刺绣补子，明代，私人收藏

圣人得天受命。黄龙以戊寅见，此帝王受命之符瑞最著明者也”。此外，龙的出现还是帝王仁德、社会清明、国家昌盛、天下太平的吉象，如历史上帝位的更迭和禅让，大多都与“黄龙现”联系在一起。

龙纹在民间亦深得人们崇拜。龙在民间被视为更具人性和灵性的动物，它在民间代表着社会不同层次人群的性格思想和生活理想，所以龙也一直作为百姓所喜爱的各类民俗活动中的装饰道具而存在，如赛龙舟和舞龙灯等。随着这些活动的深入人心，慢慢地，装饰性龙纹也开始越加精致起来，而这些龙纹样也为今后民间绘画和民间工艺美术装饰纹样的发展提供了很好的题材。新龙期龙纹延续了黄龙期龙凤呈祥、二龙戏珠等组合方式，呈现出传统写实与抽象简化的两种形式。新龙期的龙纹虽不及黄龙期的龙纹华丽精美，但在劳动人民手中更加生机盎然，给走向衰败的黄龙期的宫廷龙纹再次注入了生命力。正是因为摆脱这种程式化的形式，劳动人民才在现实生活中通过观察和想象创造出了龙纹新形象，赋予人们意识中“固化”的龙纹与变化后的新龙纹以同样的吉祥寓意。

明清时期民间代表性的剪纸艺术、刺绣纺织、家具陈设以及建筑装饰等，也常用龙纹作为装饰，只是风格与皇室完全不同罢了，少了分霸气，多了分质朴。也正是由于等级制度等因素的存在，仔细将民间艺术的龙纹和宫廷艺术的龙纹相比较，就可以发现民间艺术中的龙，形象朴实，拙稚可亲，表现出的是普通民间百姓的审美意识和感情；而宫廷艺术中的龙，则以威猛强健、严厉可畏的形象为代表，表现的是皇权至高无上的尊严。前者充满了普通下层人民对美好生活的期盼与憧憬之情，而后者则要表现出皇室威武雄风之势。

（三）现代艺术中的龙纹

龙纹，作为悠久而璀璨的中华文明象征，是中华民族子子孙孙的精神寄托。它已深深浸入到人们生活的方方面面，成为中国装饰艺术不可缺少的重要纹样，备受广大中国人民包括越来越多世界友人的青睐。在世界民族之林，龙也被公认为中华民族的象征，在许多表现中国元素的设计上常常出现。

伴随着时代步伐的不断迈进，与龙有关的图案装饰在使用上不再受到任何限制，逐渐应用到日常生活的各个方面，这类龙纹图案的寓意一方面继承了先前人们对龙所抱有的特殊情感，另一方面又带有了吉祥寓意的色彩，传达着整个民族长久兴盛的吉祥寓意。龙纹本身丰富且美好吉祥的含义，或许会让人感到崇拜的虚无和皇权的沉重，但是它的美好寓意却让人们为之迷恋。

第二节 凤纹

凤，也称“凤凰”，中国神话传说中的神鸟，被人们视为瑞仁之禽、吉祥之鸟。凤跟龙一样是综合了各种动物形象的想象之鸟。在甲骨文中，凤和风两字相同，即借风以示凤的超自然力量。《山海经》载：“有五采鸟三名：一曰皇鸟，一曰鸾鸟，一曰凤鸟”，都是凤类之鸟。

凤作为中国古代民族的一种图腾，在新石器时期的原始彩陶上已有出现。到商周时期，凤纹在青铜器的装饰上已十分流行，《国语·周语》中有“周之兴也，鹫鹭鸣于岐山”的记载。鹫鹭是凤属的神鸟，岐山又是周族的发源地，所以周代崇拜凤鸟，大量使用凤纹装饰。凤纹在丝织品上的应用最早见于春秋战国时期，以后历代沿用不衰，尤其是在帝后的服饰装饰上。北周庾信在《春赋》中有“艳锦安天鹿，新绫织凤凰”；宋代姚寅在《养蚕行》中有“缲成折雪不敢闲，锦上织成双凤团”，这些记载都是关于凤纹的写照。

随着封建皇权的建立和强化，凤也逐渐成为中国皇室的象征，皇帝服饰常用龙纹装饰，皇后嫔妃则用凤纹。在使用时，凤从属于龙，以暗喻皇帝与皇后嫔妃的关系。在封建社会帝后乘坐的车辇谓“凤辇”；帝后居住的居室名“凤阙”；帝后居住的楼台叫“凤阁”；帝后出行仪仗中的华盖称“凤盖”等。

一、凤纹的形象特征

凤是一种臆造的动物，神话传说形容凤为“八似之物”，首似锦鸡，嘴似鹦鹉，脖似蛇颈，身似鸳鸯，翅似大鹏，足似仙鹤，毛似孔雀，冠似如意。在后代的发展中，其形象也随着时间的更迭和人们审美的转换而不断发展，从商周时期的高冠垂尾、昂首挺立到宋元以后的振翅高飞、自由翱翔，其装饰形态愈加完美丰富。东汉许慎《说文解字》云：“凤，神鸟也。天老曰：‘凤之象也，鸿前麐后，蛇颈鱼尾，鹳颡鸳思，龙文龟背，燕颔鸡喙，五色备举。出于东方君子之国，翱翔四海之外，过昆仑，饮砥柱，濯羽弱水，莫宿风穴。见则天下大安宁。’”

（一）原始图腾期

中国自古就是多民族的国家，不同的民族有其不同的图腾崇拜和与之相关的神话与传说。像苗族的狗图腾、满族的鹰图腾、佤族的蛇图腾等，其中流传最广的便是“龙图腾”和“女娲伏羲”的传说以及稍后出现的“凤图腾”。在新石器时期，骨器中的鸟纹图腾已经形成了一种和谐的美感，单独的图腾已开始向适合纹样演变，并且在鸟身上已有一些流畅的线条装饰。原始图腾期一直延续到商代出现。这时的凤鸟身材不大，身翼短小，具有明显的燕子特征或鹰鹄特征。

（二）变形时期

变形时期，此时凤的形象已脱开萌生时期原始图腾期的象生状态。经过综合变化有了新的形象特征——既具象又抽象，这时凤造型里出现一种幻想的、变形的美。凤鸟体现出秃鹰与孔雀的影子，在侧面的造型中可以看到像鹰一样锋利的爪子和嘴，也可以看到类似孔雀的高冠与长尾（图2-35、图2-36）。

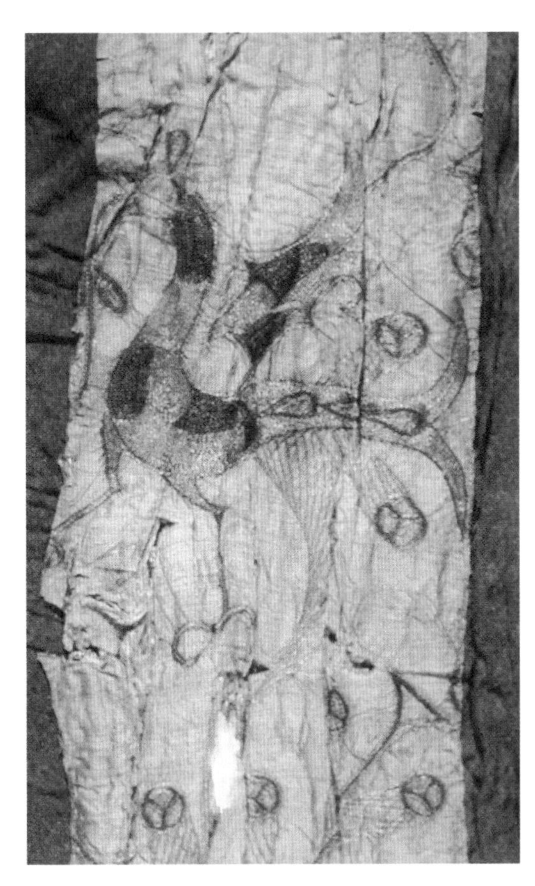

图2-35　凤鸟花卉纹绣1，战国，湖北江陵马山一号楚墓出土

图2-36　凤鸟花卉纹绣2，战国，湖北江陵马山一号楚墓出土

（三）装饰时期

装饰时期指战国以后，这时凤的形象更加抽象简约，但装饰题材扩大了，凤常常与花卉、缠枝、云纹、水纹等纹样组织在一起，但其他纹样组织只是起到一种陪衬的作用，更加突出了凤造型的流动性，有时候凤的躯体就是伸卷的流云。其特色是用流动的弧线上下左右任意延伸，转折处线条加粗或加小块面，强调了动态线，丰富了凤的形象（图2-37、图2-38）。

图2-37　鸾凤纹刺绣，汉代

图2-38　对波狮凤鹿羊纹锦，唐代，中国丝绸博物馆藏

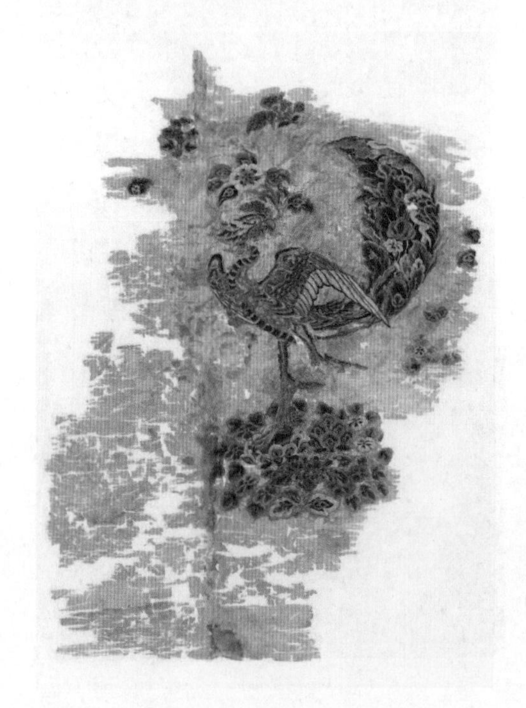

图2-39　立凤纹刺绣，唐代，日本正仓院藏

（四）定型时期

所谓定型时期，就是指唐朝以来，凤纹造型逐渐在以往造型的基础上呈现出繁复华丽的样式。因为唐宋以后帝后把龙凤作为自己的化身、作为江山社稷的象征、作为立国的标志，不断地在龙凤的形象上深化、神化，产生了多种多样的以凤为题材的宫廷工艺美术品。凤的形象也广为传播，把凤作为吉祥标志的工艺品不断涌现，这些作品上都留有凤的身影（图2-39、图2-40）。这也促使了凤艺术形象的不断演变和提高。人们今天常见的凤形象，主要就是从这个时期(特别是唐以来)沿袭定型下来的。

唐代的凤纹造型继承了周、战国、魏晋时期的风格，并且把周代纹样设计上的严谨、战

图2-40　宝花对凤纹锦，唐代，中国丝绸博物馆藏

图2-41　对凤纹刺绣1，辽代，内蒙古博物馆藏

国时期的舒展、汉代的明快、魏晋的飘逸融为一体，使凤鸟纹样达到了历史上的高峰，对后代的影响一直延续到今天。如图2-41、图2-42的辽代对凤纹刺绣以及图2-43的独窠牡丹对凤纹绫，其凤纹造型及构图与唐代凤纹均如出一辙。

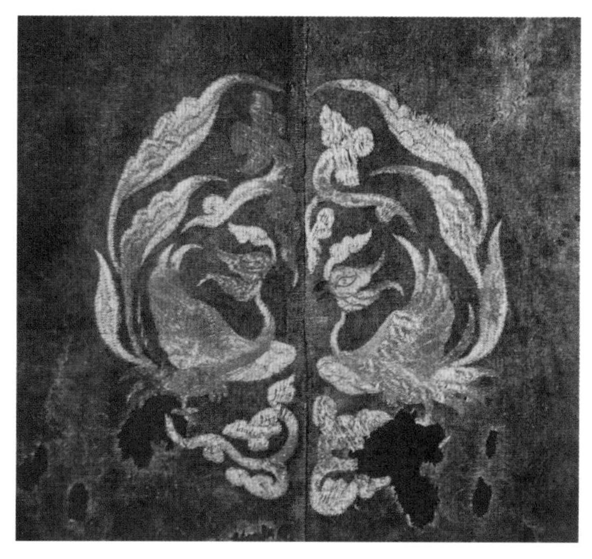

图2-42　对凤纹刺绣2，辽代，内蒙古博物馆藏

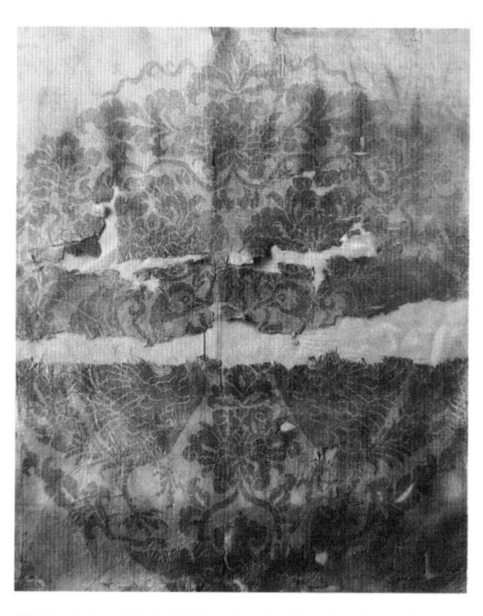

图2-43　独窠牡丹对凤纹绫，辽代，中国丝绸博物馆藏

二、凤纹的文化内涵

凤凰被视为瑞仁之禽、吉祥之鸟，全身之纹均有含义，与帝德相符。《山海经·南山经》中记载：丹穴之山有鸟焉，其状如鸡，五采而文，名曰凤皇，首文曰德，翼文曰义，背文曰礼，膺文曰仁，腹文曰信。是鸟也，饮食自然，自歌自舞，见则天下安宁”。所以其形象多为帝王妃后所专用。《论语摘衰圣》：“凤有六象、九苞。六象者，头象天，目象日，背象月，翼象风，足象地，尾象纬。九苞者，口包命，心合度，耳聪达，舌诎伸，彩色光，冠矩朱；距锐钩，音激扬，腹文户。”

然而据说凤凰性格高洁，非竹实不食，非醴泉不饮，非梧桐不栖。“凤凰鸣矣，于彼高冈。梧桐生矣，于彼朝阳。”《诗经·大雅·卷阿》故此梧桐树也叫凤凰树，属于自然感知的意象图形。《帝王世纪》则谓凤是“不食生虫，不履生草”。《毛诗疏》中凤鸟“非梧桐不栖，非竹实不食”。

（一）皇家女性权力的标志

人类进入到氏族社会，凤就开始被用来解释帝王的“受命于天”的身份。对政权怀有野心的人，也会利用凤凰来证明夺权篡位的合理性，以凤的出现，作为获得政权的天意。女性统治者时期，凤更是成为女性统治者的标志。凤纹在统治者手中被利用来为权力服务，不管是当权者还是夺权者，他们对于凤的借用都是以维护或获得政权为目的。凤纹成为皇权的标志烙印在人们心中，如图2-44～图2-47皆是为皇室所用。

（二）民间美好情感的载体

凤纹是先民对自然现象的感知，宗教的本质是除人以外各种力量的神化，当自然崇拜发展成为宗教崇拜的地位，凤纹便成为意象化的神物，成为原始宗教仪式中的神器，具有

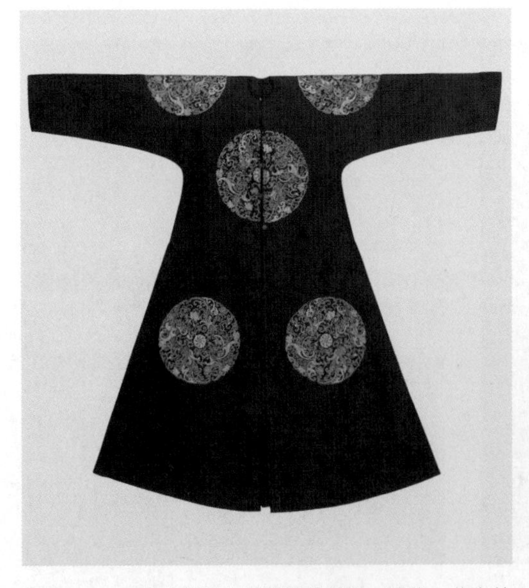

图2-44　石青纱缀绣八团夔凤纹单褂，清代，北京故宫博物院藏

图2-45　品月色缂丝凤凰梅花皮衬衣，清代，北京故宫博物院藏

图2-46　凤穿牡丹纹金地漳缎桌围，清晚期，北京故宫博物院藏

图2-47　立凤纹刺绣，清代，私人收藏

通达天庭的神性，能够祈求神灵保佑生活安定。凤纹在发展过程中浓缩了社会生活中的道德礼仪，成为社会生活中隐形的道德约束法则，督促着人们追求美好的道德品行。凤纹成为一种象征，涵盖了多种人间教义，成为道德标准的载体，作为法令之外的补充，对人们的行为起到教化的作用。凤纹在应用时多搭配牡丹纹样，带有吉祥富贵的意思（图2-48、图2-49）。

凤不仅是道理言行的规范标准，而且还是婚姻爱情的象征。“凤凰于飞，和鸣锵锵”说的是凤凰成双成对地飞舞，一唱一答，和睦美满，比喻夫妻和谐。常用“鸾凤和鸣”的对凤纹样，象征夫妻和美、生活美满（图2-50～图2-52）。

凤侣比喻好友，凤念是珍贵的怀念，凤音是美妙的声音，凤凰于飞比喻夫妻美好，凤凰来仪则指仪表非凡，凤歌莺舞形容美妙的歌舞等。在佛教中，凤纹还常与高洁的莲花、凌冬不凋的忍冬相结合。

图2-48　翔凤纹织锦，明代，北京故宫博物院藏

图2-49　凤喜牡丹纹刺绣,清代，私人收藏

图2-50　凤喜牡丹纹缂丝，明代，私人收藏

图2-51　对凤纹刺绣，清代，北京故宫博物院藏

图2-52　对凤纹刺绣，明代，私人收藏

第三节　禽鸟、瑞兽纹样

《尔雅·释鸟》："二足而羽谓之禽，四足而毛谓之兽。"古人把珍贵奇异的鸟类称为"珍禽"，禽为鸟类的总称；把赋有吉祥寓意的动物称之为"瑞兽"，其中既有现实社会中存在的

动物，如虎、象、仙鹤、鸳鸯、羊、鹿、锦鸡等，也有根据民间传说塑造出来的神兽，如麒麟、凤凰、天马等。

图2-53 鸟雀纹织锦，汉代

一、禽鸟纹样

禽鸟是自然界中色彩纹饰最为漂亮的动物，作为装饰纹样应用时一般取其纹，暗喻仁德。除十二章纹中的华虫外，汉代《急就篇》中也记载了大量的禽鸟纹，“锦绣缦旄离云爵，乘风悬钟华聩(有作洞)乐。豹首落莽免双鹤，春草鸡翘凫翁濯”中的“离”“爵”“乘风”“双鹤”“凫翁”都是指禽鸟。图2-53所示汉代鸟雀纹织锦中的三足鸟，则可能是太阳的象征；图2-54所示魏晋时期的鹰蛇飞人毯、图2-55所示南北朝时期的神鸟纹刺绣红绢以及图2-56所示的元代灵鹫纹织金锦等纹则带有明显的异域风格。根据唐人颜师古注释：“离谓长离也；云谓云气也；长离，灵鸟名也。作长离、云气、孔爵之状也。”唐代，禽鸟纹深受宫廷妇女和民间妇女所钟情，在丝织品中也保

图2-54 鹰蛇飞人毯，魏晋，私人收藏

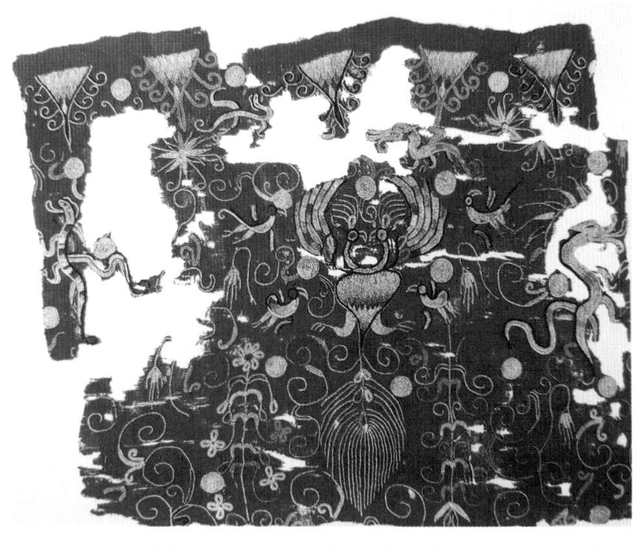
图2-55 神鸟纹刺绣红绢残片，南北朝，新疆维吾尔自治区博物馆藏

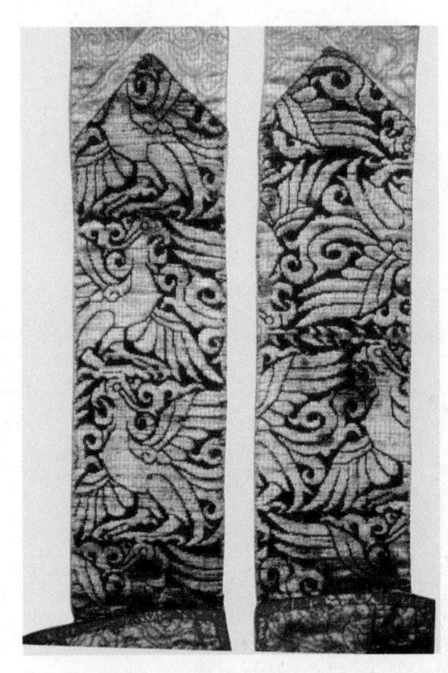

图2-56　灵鹫纹织金锦，元代，北京故宫博物院藏

图2-57　立鸟纹锦，唐代，中国丝绸博物馆藏

图2-58　团窠联珠含绶鸟纹锦，唐代，中国丝绸博物馆藏

图2-59　花鸟纹夹缬绫，唐代，日本正仓院藏

留着大量珍禽图纹，如中国丝绸博物馆藏的唐代立鸟纹锦（图2-57）、唐代团窠联珠含绶鸟纹锦（图2-58）和日本正仓院收藏的唐代花鸟纹夹缬绫（图2-59）等，都反映了当时歌舞升平、国泰民安的社会气象。新疆维吾尔自治区博物馆收藏的唐代联珠华冠鸟纹锦（图2-60）、宝相水鸟印花绢（图2-61）、黄地花鸟纹印花纱（图2-62）等，与汉代相比，这时的鸟纹已经形象趋于写实，完全脱离了神秘、怪诞的意趣，充满了自然风情和生活气息。宋代时绘画艺术的空前繁荣以及写实性花鸟画的兴起对禽鸟纹在丝织装饰领域的应用起了推波逐浪的作用，如图2-63所示的宋代花雀纹织锦、图2-64所示的缂丝《莲塘荷花图》。

（一）仙鹤

仙鹤，现实中存在的珍贵鸟类，被人们视为长寿的象征，《淮南子·说林训》中“鹤寿千岁，以极其游”。鹤在古代还被尊称为羽族之长，有“一品鸟”之称，因其盈盈之姿尽显傲然高洁的品质，成为深受人们追崇的珍禽纹样，所以用作文官一品官员的补子纹样，其构成为一只仙鹤傲然伫立在江水海崖之上，远眺初生的红日，周边配有八宝璎珞、器物、八吉祥纹样以及云气植

图2-60　联珠华冠鸟纹锦，唐代，新疆吐鲁番阿斯塔那出土

图2-63　花雀纹织锦，宋代

图2-61　宝相水鸟印花绢，唐代，新疆吐鲁番阿斯塔那出土

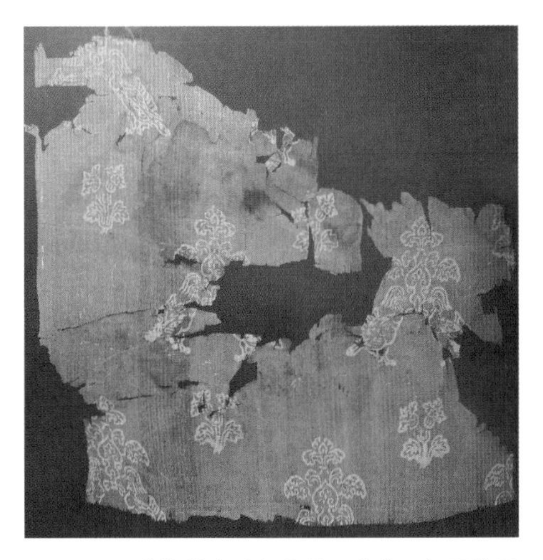

图2-62　黄地花鸟纹印花纱，唐代，新疆维吾尔自治区博物馆藏

图2-64　缂丝《莲塘荷花图》，宋代，英国伦敦斯宾克（Spink）股份有限公司藏

图2-65　仙鹤纹刺绣，明代，私人收藏

图2-66　祥云仙鹤刺绣，清代，北京故宫博物院藏

图2-67　锦鸡刺绣，清代，私人收藏

物纹样等寓意一品当朝。鹤纹应用较早，《晋书·卢志传》："帝悦，赐志绢二百匹……衣一袭，鹤绫袍一领。"《宋史·仪卫志》中即有"其绣衣文，清道以云鹤，幰弩以辟邪"的记载。早期鹤纹的形象简练略显呆板，主要选取了鹤最具代表性的形象特征：长腿、细颈、大翼凌空。明代的鹤趋于端庄大方，其形象特征得到进一步细化，眼、喙、羽、冠进一步细化，并出现了张口唳叫和口衔灵芝的形象，在构成形式上也出现了双鹤环顾对翔的喜相逢样式（图2-65）。清代以后，鹤的造型神态得到进一步的发展，姿态造型更加丰富，纹样风格也是愈加精致、美丽。如图2-66所示祥云仙鹤刺绣把鹤的清瘦、高贵、文气、典雅的气韵表现得淋漓尽致。

（二）锦鸡

锦鸡，一种长尾飞禽，古称"鷩雉"，毛色斑斓，雄鸟头部有金黄色羽冠，因其五彩似锦故名，被称为我国"国鸟"。雌性毛色朴实无彩，雄性毛色艳美、文彩纷繁而被古人用来寓意文德，锦鸡在文官官补上的应用即取此意，专用于文官二品。锦鸡在传统纺织品上的应用多以雄性锦鸡为主，因其纹饰华丽富贵，常与花鸟树石小景相结合，有富贵长春的美好寓意，如图2-67所示。历代皇后服章中的翟纹即为其属，《禽经》："腹有采文曰锦鸡……岁采捕之，为王者冠服之饰。"

（三）孔雀

孔雀，属鸡形目，雉科，也作"孔爵"，又称"孔鸟""越鸟"。雄鸟羽色华美冠百鸟之首，尾羽尽展时金翠斐然、华贵无比。古人称孔雀为"文禽"，是因为它不仅翎羽光彩艳丽，而且其生活习性有"九德"。九德，按《逸周书·常训解第三》的说法，是"忠、信、敬、刚、柔、和、固、贞、顺"。《增益经》称孔雀有九德，"一颜貌端正，二声音清澈，三行步翔序，四知时而行，五饮食知节，六常念知足，七不分散，八不淫，九知反复。"孔雀纹是极少数与凤纹一样出现时间较早的禽鸟纹样，早在马王堆汉墓出土的丝织物上就发现有孔雀纹锦。唐代时孔雀纹应用较多，常与联珠纹一起，如图2-68所示的团窠猪头纹及孔雀纹锦锁绣。宋王应麟《玉海》卷八十二：“大和六年诏袍袄之制，三品以上服绫，以鹘衔瑞草、雁衔绶带及双孔雀。”明清时期的孔雀纹多以程式化形式出现（图2-69）。

图2-68　团窠猪头纹及孔雀纹锦锁绣，唐代，私人收藏

图2-69　孔刺绣雀，明代，私人收藏

（四）云雁

云雁，属于鸭科飞禽，体型类鹅，颈长嘴扁而阔，脚趾间有蹼相连，羽毛呈灰褐色，善飞，常居水边。雁是候鸟，《正字通》：“雁，知时鸟也”。古代视其为珍禽，常用作织物纹样。内蒙古兴安盟辽代早期墓中曾有出土，史籍中也不乏记述。云雁是辽金元游牧民族文化织物纹饰的代表，与其游牧狩猎的生活方式有极大关系，云雁是北方草原常见的禽鸟，为生活中所常见，如图2-70所示的金代云雁春水纹妆金绢。《唐会要》卷三十二：“延载元年五月二十二日，出绣袍以赐文武官三品以上，其袍文仍各有训诫：诸王则饰以盘龙及鹿，宰相饰以凤池，尚书饰以对雁。”雁即云雁的简称，如图2-71所示的唐代团窠联珠对鸟纹锦。《唐会要》卷三十二《舆服下》“异文袍”载：“初赐节度、观察使等新制时服……节度使纹以鹘衔绶带，取其武毅，以靖封内；观察使以雁衔仪委，取其行列有序，冀人人有威仪也。”如图2-72所示辽代雁衔绶带纹锦袍，其上云雁以对称式站立排列，形象简练，应是对唐代服饰制度的传承。

图2-70　云雁春水纹妆金绢（鹘捕鹅羊皮织金锦），金代，美国大都会博物馆藏

（五）㶉䳵

㶉䳵，是一种水鸟。《本草释名》：“㶉䳵其形大于鸳鸯，而色多紫，亦好并游，故谓之紫鸳鸯也”；《图经》：“㶉䳵于水渚宿，老少若有敕令也，雄者左，雌者右，群伍皆有式度”；《淮赋》：“㶉

图2-71　团窠联珠对鸟纹锦，唐代，香港贺祈思先生藏

图2-72　雁衔绶带纹锦袍，辽代，内蒙古兴安盟科右中旗代钦塔拉苏木辽墓出土

图2-73　缂丝鸂鶒，清代，私人收藏

鶒寻邪而逐害”。故鸂鶒不仅羽毛美丽，而且双游有序，为人爱赏。古代咏鸂鶒的诗词甚多，如唐代刘禹锡：“蔷薇乱发多临水，鸂鶒双游不避船”；唐代温庭筠：“鸂鶒交交塘水满，绿萍如粟莲茎短”；宋代辛弃疾：“溪回沙浅，红杏都开遍。鸂鶒不知春水暖，犹傍垂杨春岸”。宋代还有民俗与鸂鶒有关。宋代孟元老《东京梦华录》：“以黄铸为凫雁、鸳鸯、鸂鶒、龟鱼之类，彩画金缕，谓之‘水上浮’”，是七夕时所兴的一种夜景。明清时期，鸂鶒被用作文官七品的补服纹样（图2-73）。

（六）白鹇

白鹇，是一种珍禽，羽毛洁白似雪，有黑色波纹，故又称白雉、银鸡，又因它举止飘洒、清闲，故称为鹇。在宋代，则称它为鸟中“闲客”，唐代萧颖士《白鹇赋》中的“情莽渺以耿洁，貌轩昂以安闲。无驯扰之近性，故不惬于人寰；游必海裔，栖必云间”正是对白鹇特性的具体描写。《西京杂记》中有“闽越王献高帝白鹇、黑鹇各一双，帝大悦，厚赐之”的描述，白鹇以其高雅的容态，博得不少文人墨客的赞颂。唐代的李白，宋代的梅尧臣、欧阳修、苏轼、魏野、文同，明代的杨基等，都有白鹇诗篇，留下不少佳句。如李白的《赠黄山胡公求白鹇》：“请以双白璧，买君双白鹇。白鹇白如锦，白雪耻容颜。照影玉潭里，刷毛琪树间。夜栖寒月静，朝步落花闲。我愿得此鸟，玩之坐碧山。胡公能辍赠，笼寄野人还。”在文官的补服中，作为五品文官的纹样（图2-74）。

（七）鹭鸶

鹭鸶，也称“白鹭”，是一种长腿涉禽。羽毛洁白，颈部修长，能傲游于水，能翱翔于天，历来被视为吉祥之禽。常常和芙蓉花、芦苇、莲花组合成纹（图2-75），寓意为“一路荣华”“一路连科”。明清时规定为六品文官的补服纹样。

（八）鸳鸯

鸳鸯，中国特有的一种水禽，雄鸟羽色鲜亮艳丽，雌鸟羽色单一。晋代崔豹《古今注》：“鸳鸯，水鸟，凫类也。雌雄未尝相离，人得其一，则一思而死。”鸳鸯“终日并游”“交颈而卧”故又称之为“匹鸟”，以喻夫妻，是民间喜闻乐见的装饰纹样之一，多为婚礼用物，男女之间的赠送之物等。南朝陈徐陵《玉台新咏》辑无名氏诗：“客从远方来，遗我一端绮……文彩双鸳鸯，裁为合欢被。”唐代李商隐所作《效徐陵体赠更衣》中的“结带悬栀子，绣领刺鸳鸯。”都是以鸳鸯为织绣纹样的实例，图2-76所示为红地对鸳鸯花草纹锦。后来又出现“鸳鸯戏水”“鸳鸯戏莲”等装饰纹样，象征夫妻间的和谐匹配、心心相印、幸福美满等。

（九）鹌鹑

鹌鹑，其形状与雉鸡相似，体型偏小，羽毛呈黄褐色，周身有白色羽干纹。因“鹌”字读音与“安”同音，故被视为吉祥之鸟，隐语为平安、安泰、安康，是织绣品中常见的装饰题材。鹌鹑通常与菊花组合成装饰纹样，借菊寓“居”，取名为“九世同居”；或与菊花、梧桐构成纹样，取名为“同居九安”；也有将鹌鹑、菊花和枫树落叶搭配成纹者，取名为“安居乐业”。明清时期还被用作文官八品、九品的补服纹样。

（十）喜鹊

喜鹊，羽毛黑白两色相间，上体为黑色，

图2-74　白鹇纹缂丝，清代，私人收藏

图2-75　四经棕色罗地花鸟纹刺绣夹衫肩部绣花，元代，内蒙古自治区博物馆藏

图2-76　红地对鸳鸯花草纹锦，唐代，日本正仓院藏

其余部位为白色，多栖于树枝，善鸣。因为名称中有“喜”字，故被视为吉祥之鸟，常用于民间妇女的衣物装饰，宋代以后流行甚多。其表现形式也有多种，如两只喜鹊相对，谓之“双喜临门”；喜鹊跟古钱搭配寓意“喜在眼前”；喜鹊立于梅花之上，寓意“喜上眉梢”。

（十一）五伦图

五伦图，也称“伦叙图”，通常以凤凰、仙鹤、鸳鸯、鹡鸰、黄莺等五种禽鸟构成图纹。隐语封建社会君臣、父子、兄弟、夫妇、朋友之间的五种关系，即三纲五常中的“五常”。《孟子·滕文公》：“父子有亲，君臣有义，夫妇有别，长幼有序，朋友有信。”凤凰为百鸟王，《禽经》中有“飞则群鸟从，出则王政平”之句，被借喻为君臣之道；仙鹤为一品鸟，《易经》中有“鸣鹤在阴，其子和之”之句，被借喻为父子之道；鸳鸯为匹鸟，《禽经》中有“朝倚而暮偶，爱其类也”之句，被借喻为夫妇之道；鹡鸰为瑞禽，《诗经·小雅》中有“鹡鸰在原，兄弟急难”之句，借喻为兄弟之道；黄莺为善鸣之鸟，《诗经·小雅》中有“莺其鸣矣，求其友声”之句，被借喻为朋友之道。纹样多以山坡、岩石、树木、草丛、云天、池塘为背景，凤凰多立于山石之上，仙鹤栖于树或飞于天，鸳鸯戏于水，鹡鸰、黄莺则穿插其间。其中凤凰多单只出现，其他飞禽则成双作对，多绣织于桌围、帐幔、挂屏等大幅物品上（图2-77）。

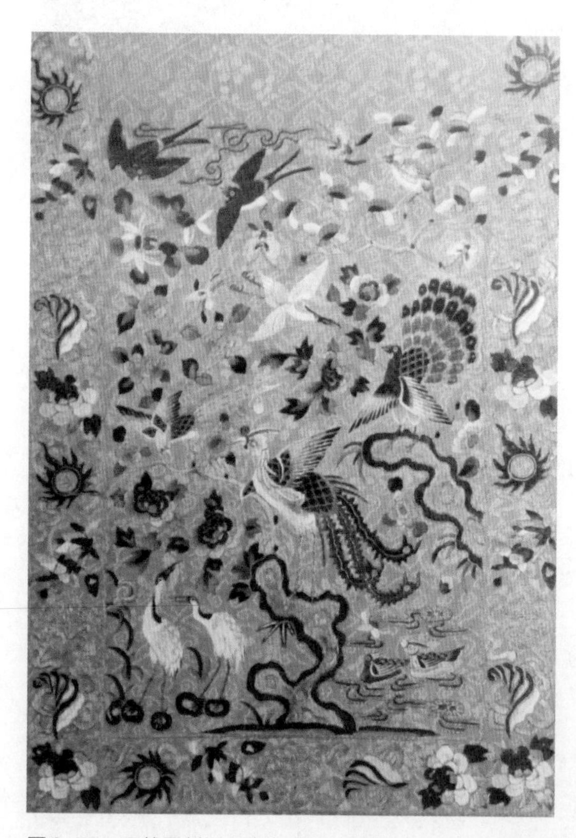

图2-77　五伦图刺绣，清代，私人收藏

二、瑞兽纹样

瑞兽纹样通常有两种类型：一种为凶猛威武之类，如狮、豹、熊、虎等，被视为武力的象征，常用于武者之服；另一种为温顺型，如马、牛、羊、骆驼、兔子等，这类纹饰大多被视为祥和、仁慈的象征，一般用于吉祥纹样为日常所用。

（一）四神纹

四神纹，指由青龙、白虎、朱雀、玄武四种神兽所组成的一组纹样，它在汉代应用极盛，主要装饰在铜镜、瓦当、漆器以及雕刻等工艺美术中，以后在魏晋隋唐仍大量运用。四神最早本指天象，即东方之角亢为青龙，南方之星张为朱雀，西方之参井为白虎，北方之斗牛为玄武，为四星之精。战国时期，阴阳五行家把原始的迷信观念置于四方之下，用图腾信仰及氏族制度加以解释。到了汉代，把四神说成与求福辟邪有关，对生人甚至死者都起着保护作用，因而在装饰上应用极多。

四神之名最早见于《吕氏春秋》："春，其虫鳞；夏，其虫羽；秋 其虫毛；冬，其虫介。"后来，这种四神观念引用到地望，《礼记·曲礼》："行，前朱雀而后玄武，左青龙而右白虎。"汉代时五行谶纬之说流行，四神则引用更广。《三辅黄图》："苍龙，白虎，朱雀，玄武，天之四灵，以正四方。"

青龙为龙形、白虎为虎形、朱雀为仿孔雀或凤凰的一种灵化了的鸟，唯玄武系龟与蛇合体，表现奇特。《楚辞》："时暖曃其矘莽兮，召玄武而奔属。"首见玄武一词。洪兴祖补注："玄武，谓龟蛇。位在北方，故曰玄；身有鳞甲，故曰武。"唐代因道教影响，有玄武祠；宋代因避讳改玄武为真武，明代奉祀玄武为防火，因玄武能克火。宋代陆佃《埤雅》："龟无雄，与蛇为匹，故龟蛇合，谓之玄武。"《说文解字》："龟，归也，外骨内肉者也；从它。龟头与它头同天地之性，广肩无雄，龟鳖之类以它为雄。"其解释各不相同。另有谓玄武反映古代图腾信仰，是龟族与蛇族氏族外婚制的表现，亦有道理。龟蛇合体纹样在国外古时亦有之，不过其含义是表示永远无穷而已。

（二）麒麟

麒麟，中国古代汉族神话传说中的一种神兽，性情温和，不履生虫，不折生草，头上有角，角端有肉，设武备而不为害，因而被称为"仁宠"，传说能活两千年，主太平、长寿。麒麟集龙头、鹿角、狮眼、虎背、熊腰、蛇鳞、马蹄、牛尾于一身，是几千年来中国人精神世界和物质世界所追求"集美"理念的反映。西凉武昭王《麒麟颂》曰："一角圆蹄，行中规矩，游必择地，翔而后处，不蹈陷阱，不罹罗罟。"《宋书·符瑞志》曰："含仁而戴义，不饮洿池，不入坑阱，不行罗网。"《说苑》亦有"含仁怀义，音中律吕，行步中规，折旋中矩，择土而后践，位平然而后处，不群居，不旅行，纷兮其质文也，幽问循循如也"的记载，体现了麒麟仁厚君子的谦谦风度。古人认为，麒麟出没处，必有祥瑞。相传有雌雄之分，雄者为麒，雌者为麟。麒麟因其面目威严而性格仁慈，被视为祥瑞之征，常常绣织于贵族服饰，尤其是武将服饰之上，明清时专用于一品武官补服（图2-78）。有时也用来比喻才能杰出、德才兼备的人。汉族民间有麒麟送子之说，麒麟崇拜之所以能在发展传承中被广大民众和统治阶级所接受，正是因为这种"仁宠"所具

图2-78　麒麟纹缎，明代，北京故宫博物院藏

图2-79　双凤麒麟纹刺绣，清代，私人收藏

图2-80　狮子花卉纹织锦，唐代，中国丝绸博物馆藏

图2-81　狮子纹织锦，宋代

备的品质正符合几千年来中国的礼教和儒家风范（图2-79）。

（三）狮子

狮子，来自于西域的猛兽，是一种生存在非洲与亚洲的大型猫科动物，东汉时由外国进献给中国。《汉书·西域传》："乌戈国有狮子，似虎，正黄，尾端毛大如斗。"《尔雅·释兽》："狻猊，如虎猫，食虎豹。"晋郭璞注："即狮子也，出西域。汉顺帝时，疏勒王来献犎牛及狮子。"在我国古代文献中，有多次进献狮子的记载。《南史》中有"梁武帝时波斯献生狮子"与唐代"太宗时西域康居国献狮子"等。旧说"狮子虎见之而伏，豹见之而瞑，熊见之而跃"，故被称为猛兽之王，狮子也因其秉性凶猛，而用于装饰武将服舆，表示威武、以镇八方。狮子纹在丝织物上的应用多见于唐代（图2-80），《唐大诏令集》卷109记唐代绫锦花纹，有"狮子、天马、辟邪"诸名目。日本正仓院保存的我国唐代文物亦有狮子缠枝纹锦、狮子狩猎纹等。《宋史·舆服志》："三梁冠，黄狮子锦绶，为第六等，皇城以下诸司使至诸卫率府率服之。"如图2-81所示。明代时，专用于武官一至二品的补服纹样，清代沿袭其制。明代王圻《三才图会·衣服》："狮子谱，武官一品、二品服色。"如图2-82所示。民间妇女儿童的衣衾上亦常绣有狮子纹样，并常搭配绣球纹饰，称为狮子戏球，以示喜庆。

（四）虎

虎，被誉为"百兽之王"，《说文解字》称："虎，山兽之君也。"不仅是因为它额头上的一个"王"字，更是因为它无比威猛、力量十足的王者形象。《风俗通义·祀典》曰："虎者，阳物，百兽之长也，能执搏挫锐，噬食鬼魅。"虎在中国文化中不仅是勇武威猛的代表，也是驱凶辟邪、镇鬼禳灾、吉祥如意的象征，早在商周时期就已被用作织绣纹样。虎纹应用多与武事有关，如虎服为武官之服；武士所佩带的冠也称为虎冠；绣有虎纹的帐幕称为虎帷等。《唐会要》卷三十二："左右武卫，饰以对虎。"《宋史·仪卫志》："其绣以文……兵部尚书以虎。"据史籍记载，当时帝王冕服上所用的十二章纹中，有宗彝一章，其中即绘绣有虎纹。战国时期的虎纹绣品在湖北江陵马山楚墓曾有出土，虎纹用红、黑二色线绣出，神态生动、造型健美，具有较高的艺术价值。明代规定其为三品武官的补服纹样，清代则改用于四品。《清会典图》卷四十六："补服，色用石青，前后方补……四品，奉恩将军、县君额驸、二等侍卫，绣虎。"以后历代亦有用于妇女及儿童首饰、挂佩及鞋帽者，以避不祥（图2-83）。

（五）白泽

白泽，古代传说中的一种神兽。《山海经》："东望山有兽，名曰白泽，能言语，王者有德，明照幽远则至。"《黄帝内传》："帝巡狩，东至海，登桓山，于海滨得白泽神兽，能言，达于万物之情。"白泽在古代曾作为旗帜图案，《新唐书·仪卫志》："又有清游队、朱雀队、玄武队。清游队建白泽旗二。"以后白泽又应用于官服补子纹样。《明史·舆服志》："（洪武）二十四年定公、侯、驸马、伯服，绣麒麟、白泽"。

（六）獬豸

獬豸，是传说中的一种异兽，另一名为任法兽。汉代《异物志》："东北荒中，有兽名獬豸，一角，性忠，见人斗，则触不直者；闻人论，则咋不正者"。《文选·司马相如〈上林赋〉》，郭璞注引、张揖曰："獬豸，似鹿而一角。人君刑罚得中，则生于朝廷，主触不直者。"因獬豸能辨曲直，主持公正，故古时视为吉祥，御史大夫等戴獬豸冠，如《后汉书·舆服志》中有"法冠……执法者服之……或谓之獬豸冠"的描述；元代萨都剌所作《送张都

图2-82　狮子纹罗，明代，私人收藏

图2-83　龙虎白鹿条纹织成的缂丝衣料局部，辽代，美国克力夫兰美术馆藏

台还京》中的“忆昔中台簪獬豸，曾封直谏动銮舆”均指此。獬豸冠的形式在《后汉书·舆服志》中也有具体记载，“法冠，一曰柱后。高五寸，以缅为展筩，铁柱卷，执法者服之”。明清时期，獬豸又作为风宪官的补服纹样。风宪官，是监察执行法纪的官，古代又称御史，用獬豸作为服饰装饰，不论是冠帽形式或是官服补子纹样，均取依法公平、寓正直之意。

（七）犀牛

犀牛，是一种吻部上长有独角或双角的哺乳类动物。《尔雅》中有“犀似豕，形似牛，猪头大腹”；刘欣期《交州记》中有“（犀）其毛如豕，蹄有三甲，头如马，有二角，鼻上角长，额上角短”；明代李时珍《本草纲目》中有“大抵犀、兕是一物，古人多言兕，后人多言犀；北音多言兕，南音多言犀，为不同耳”。犀角有解毒作用，《抱朴子》：“以其角为叉导者，得煮毒药为汤，以此叉导搅之，皆生白沫，无复毒势。”明代多流行刻制犀角杯，而德化白瓷亦多仿制犀角杯式样，如《抱朴子》中有“通天犀，有白理如线者，以盛米置群鸡中，鸡欲往啄米，至辄惊却，故南人名为骇鸡也”的描述。所以唐代白居易在《驯犀——感为政之难终也》中讲道，“驯犀驯犀通天犀，躯貌骇人角骇鸡”，“骇鸡”一词即由此而来。因犀角有斑纹如线，所以漆器中以红黑漆相间涂刷后，刻出红黑相间斑纹的雕漆，称为剔犀。犀角又可巧制各种装饰品，如犀梳、犀带、犀盘、犀簪、犀璧等，唐代韩愈《南内朝贺归呈同官》诗“岂惟一身荣，佩玉冠簪犀”，即是指犀簪。此外，又有犀牛望月的典故，《关尹子·五鉴》：“譬如犀牛望月，月形入角，特因识生，始有月形，而彼真月，初不在角。”谓犀牛望月时久，能感其影于角，后形容为长久期盼，并作为铜镜的装饰花纹。明清时，犀牛纹是作为武官八品补服的纹样。

图2-84　豹纹织锦，汉代，新疆罗布泊高台墓出土

（八）豹

豹，猫科动物中体型最小的，其形比虎略小，身上的斑纹多呈圆块形，如金钱状，所以又叫金钱豹，古代也视其为辟邪之兽，汉代以后常用作武将服饰，如图2-84所示。宋代王应麟《玉海》卷八十二：“武库令袍之制五：青、绯、黄、白、皂，皆绣尽武豹鹰鹯之类。”明代规定其为四品武官的补服纹样，清代改用于三品，如图2-85所示。

（九）马

马，在古代也被视为瑞兽，被认为是聪明、忠诚、勇敢而耐劳的动物，具有高贵、飘逸、优雅的气质。《易经》中将马象征天，即“乾为天”。马纹在唐代织绣纹样中有较多的反映，如图2-86所示的红地饮水马纹

图2-85　豹纹刺绣，清代，私人收藏

图2-86　红地饮水马纹锦，唐代，私人收藏

锦。除了普通的马之外，还有带翼之马，被称为“天马”，如图2-87所示的唐代翼马纹锦。《旧唐书·李德裕传》：“况玄鹅、天马，掬豹、盘绦，文彩珍奇，只合圣躬自服。今所织千匹，费用至多。”即指此。民间有“海马”之兽，其状与常马相同，唯能行走于海水之中，明清时被定为九品武官的补服纹样。

图2-87　翼马纹锦，唐代，中国丝绸博物馆藏

（十）羊

羊，羊是人类最早开始狩猎和驯养的动物之一，古代将马、牛、羊、猪、鸡、犬列为六畜，殷商时期已经“六畜”俱全。羊字与吉祥之“祥”同音，所以常被通用，如《说文解字》：“羊，祥也。”《春秋繁露》：“羔饮之其母必跪，类知礼者，故羊之为言犹祥。”“美”字亦是以羊大为美。因此，羊的形象也被赋予了吉祥寓意，在历代丝织品上有大量反映（图2-88、图2-89）。

（十一）象

象，陆地上最大的哺乳动物，体型高大，四肢粗大，耳大鼻长，门齿发达，经过人工

图2-88 团窠联珠对羊纹锦，唐代，中国丝绸博物馆藏

图2-89 团窠联珠对羊纹锦，唐代，香港贺祈思先生藏

驯养，可供役用。象寿命较长，最长可达八十年。大象历来被视为瑞兽，其图纹常用作装饰纹样，汉魏时期的丝织品上就有象的图纹，以后历代沿用不衰，如图2-90所示的唐代象狮莲花纹锦。明清时期被赋予吉祥寓意，通常以大象背驮万年青构成图样，取意“万象更新”；也有在象背上置一宝瓶，瓶中安插三戟，取名为“吉祥太平”或称“太平有象”（图2-91）。

（十二）鹿

鹿，在中国属于原始动物崇拜中的一种，被

图2-90 象狮莲花纹锦，唐代，香港贺祈思先生藏

图2-91 象纹织锦，唐代

视为长寿的象征，常与仙人相伴而出，以表达祝寿、祈寿的主题。《抱朴子》：“鹿寿千岁，满五百岁则色白。”后来，当人们崇拜神仙时，白鹿也多为仙人所乘，如《瑞应图》中描写有“西王母乘白鹿”。此外，鹿还与“禄”谐音，象征福气、俸禄，以示官位。《宋书·符瑞志》云：“白鹿，王者明惠及下则至。”《瑞应图》亦曰：“王者承先圣法度，无所遗失，则白鹿来。”鹿纹作为丝绸装饰纹样在唐代时已有应用，在日本正仓院藏有唐代对鹿团花纹绸（图2-92），鹿与花草组成团花形式，形象饱满。新疆阿斯塔那北区唐墓出土的团窠联珠大鹿纹锦（图2-93），其鹿颈上系着飘带，体型肥壮，四肢纤细，身上用三个长方形来表示斑纹，造型稚拙可爱，带有明显的异域风格。辽代的压金彩绣秋山双鹿纹罗地中的双鹿呈自由奔跑状，形式自由灵活（图2-94）。

（十三）兔

兔，古代的一种瑞兽，由于其性情温顺，深得世人喜爱。《瑞应图》中说“赤兔上瑞，白兔中瑞”，《抱朴子》则有“兔寿千岁，满五百岁则其色白”。在古代神话中，兔多与月亮相联系，传说玉兔在月宫中捣炼长生不老之药。兔作为装饰纹样主要出现在元代，与蒙古族的游牧生活有着密切的关系，如金代的“春水”（鹘捕兔）胸背（图2-95）、元代的奔兔纹销金彩印罗（图2-96）等。明代后，兔纹多带有吉祥寓意，常与灵芝、四季花卉等搭配出现，并常用于中秋节的应景纹样中，如图2-97所示的明

图2-92　对鹿团花纹绸，唐代，日本正仓院藏

图2-93　团窠联珠大鹿纹锦，唐代，香港贺祈思先生藏

图2-94　压金彩绣秋山双鹿纹罗地，辽代，中国丝绸博物馆藏

图2-95 “春水”（鹘捕兔）胸背，金代，私人收藏

图2-96 奔兔纹销金彩印罗，元代

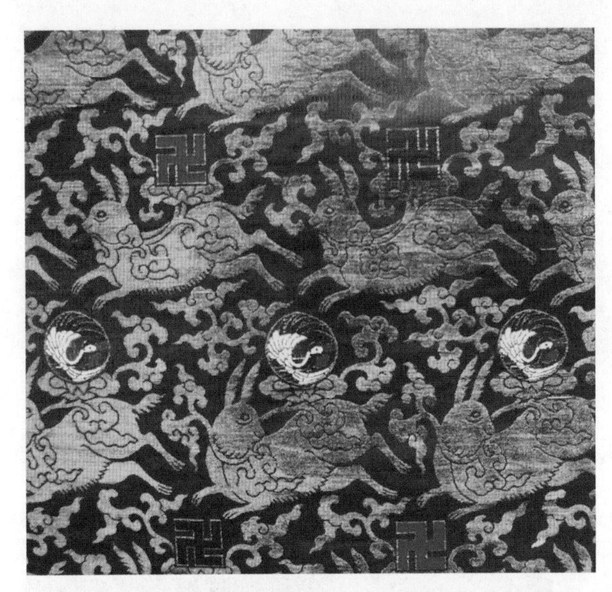

图2-97 红织金奔兔纹妆花纱，明代，南京云锦研究所复制

图2-98 蓝地花卉鲤鱼海水妆花缎，清代，北京故宫博物院藏

代红织金奔兔纹妆花纱。

（十四）鲤鱼

鲤鱼，中国传统文化中的吉祥元素，被赋予丰富的文化内涵。以鲤鱼为祥瑞的风俗早在春秋战国时期就已普及，《史记·周本纪》中有周朝之兴有鸟、鱼之瑞的记载。此后，鲤鱼更是与人们的生活密切联系在一起，如“连年有余（鱼）”“吉庆有余（鱼）”象征丰收；“鲤鱼跃龙门”象征着出人头地等。鲤鱼也是传统纺织品中常见的吉祥元素，明清时期常与落花流水纹、吉祥八宝等组合一起，象征着吉祥有余（图2-98～图2-100）。

图2-99　鲤鱼戏水落花纹织金缎，明代，北京故宫博物院藏

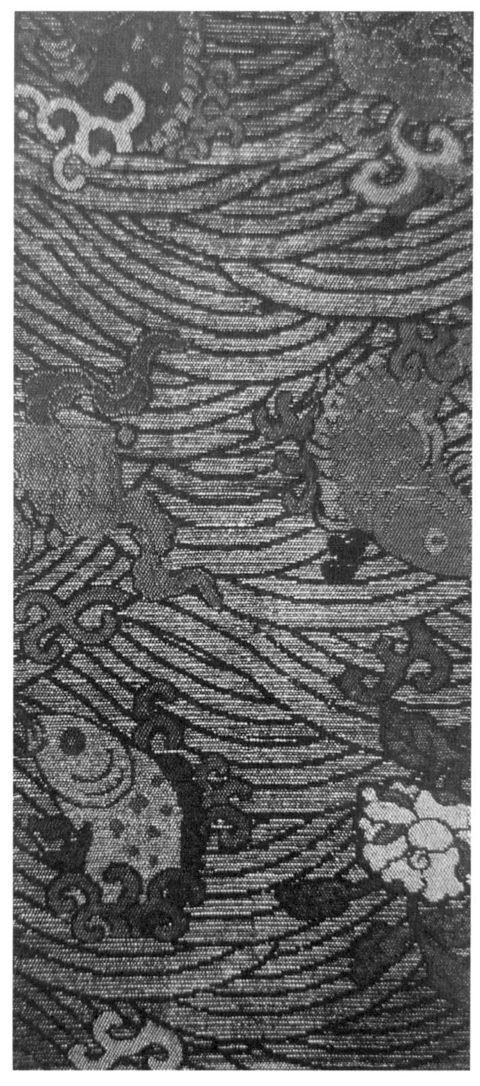

图2-100　鲤鱼跳浪纹织金缎，明代，北京故宫博物院藏

第四节　衣冠等级上的禽兽纹样

一、禽兽纹作为衣冠等级的起源

动物纹样作为百官等级的象征自唐代时就已经出现，但均未见到具体实物的例证。《旧唐书·舆服志》记载："延载元年五月，则天内出绯紫单罗铭襟背衫，赐文武三品以上，左右监门卫将军等饰以对狮子，左右卫饰以对麒麟，左右武威卫饰以对虎，左右豹韬卫饰以

对豹，左右鹰扬卫饰以对鹰，左右玉钤卫饰以对鹘，左右金吾卫饰以对豸，诸王饰以盘石及鹿，宰相饰以凤池，尚书饰以对雁。”唐文宗时对官服图案作了明确规定，“袍袄之制，三品以上服绫，以鹘衔瑞草、雁衔绶带及双孔雀；四品、五品服绫，以地黄交枝；六品以下服绫，小窠、无文及隔织、独织。”算是较为正式的以动物纹样表示官员等级的记载。这类记载还得到晚唐赐服制度的肯定和沿用。《唐会要》卷三二载：“贞元三年三月初，赐节度使、观察使等新制时服。上曰：顷来赐衣，文彩不常，非制也。朕今思之，节度使文，以鹘衔绶带，取其武毅，以靖封内；观察使以雁衔仪委，取其行列有序，冀人人有威仪也。”内蒙古兴安盟代钦塔拉辽墓出土的雁衔绶带锦袍是唐代官服袍料的直接继承，可以看出其是唐宋时期对官服图案表示等级的一种尝试。

宋代的官员等级一般可以从其朝服绶带的花色中看出。天下乐晕锦绶为第一等，杂花晕锦绶为第二等，方胜宜男锦绶为第三等，翠毛锦绶为第四等，簇四雕锦绶为第五等，黄狮子锦绶为第六等，然后是方胜练鹊锦绶。与法律相关者则服青荷莲绶。

元代出现了类似补子的胸背，但纹样只有装饰效果没有表示等级的意义。胸背，即是在胸前背后织出的一块方形图案，后世称为补子。胸背和补子的区别为前者是在织物上完全织入的图案，而后者是可以先织好再钉补到衣服上去的图案。在《老乞大》中写到了许多织物种类的品名，其中有鸦青胸背、象牙底儿胸背、鸦青金胸背等名。从出土的实物资料来看，内蒙古达茂旗明水墓中出土过极为残破的织金绢胸背，可以隐约看到花卉纹样以及山石和水；山东邹城元代李裕庵墓出土的绫袍上有一梅五鹊的胸背图案；在国外的收藏中还有一件带有松鹿纹样的织金绫胸背和一件印金的飞凤麒麟纹胸背。虽然这些胸背图案的题材不一，但其特点是图案均属单独纹样。

明代出现代表官位品级的补子，方形，主要装饰在官服的前胸和后背，以金线和彩丝绣成。明代除了补子纹样外，绶带也是区分朝服等级的重要纹饰。《明史·舆服志》载：洪武二十六年定朝服用绶：一品、二品绶用黄、绿、赤、紫织成云凤四色花锦，三品、四品绶用黄、绿、赤、紫织成云鹤花锦，五品绶用黄、绿、赤、紫织成盘雕花锦，六品、七品绶用黄、绿、赤织成练鹊三色花锦，八品、九品绶用黄、绿织成鸂鶒二色花锦。独御史服獬豸。其他祭服的佩绶等差，并同朝服。

清代继续沿用明代的补子纹样，相较于一般前后是整块的明代补子，清代的补子相对较小，前片一般是对开的，后片则为一整片，主要原因是清代补服为外褂、形制是对襟的。清代，梁绍壬在《两般秋雨盦随笔·补子》中写到：“品级补子，定于洪武，行于嘉靖，仍用至今，汪韩门《缀学》言之详矣。”清代俞樾《茶香室丛钞·背胸》云：“国朝刘廷玑《在园杂识》云‘朝衣公服，俱用补子。绣仙鹤锦鸡之类，即以鸟纪官之义。’……按补子之名，殊无意义，宜称背胸为是。”

二、补子纹样的等级及应用

（一）公服和常服花样

唐宋时用动物代表等级与蒙元时期的胸背装饰相结合，在明代初期形成了我国历史上最有代表性的官服图案，一般用于常服之上。应该注意到，明初的文献上只称“花样”，事实上还应该是胸背之类，即将图案如元代胸背一样直接织入衣料，与后世所称的钉在胸前背后的补子不同。据《明会典》载：这类常服花样的等级制度在洪武二十六年首次得以确定：

公、侯、驸马、伯：麒麟、白泽；

文官：一品二品用仙鹤、锦鸡，三品四品用孔雀、云雁，五品用白鹇，六品七品用鹭鸶、鸂鶒，八品九品用黄鹂、鹌鹑，杂职用练鹊，风宪官用獬豸；

武官：一品二品用狮子，三品四品用虎、豹，五品用熊罴，六品七品用彪，八品九品用犀牛、海马。

明朝嘉靖十六年，这一制度又一次被强调，并有稍少变化，主要是将早先的一二品、三四品、六七品、八九品之间的混用变为明确区别。这一次划分的不同等级的花样还被刊印在当时的《大明会典》上：

文官：一品用仙鹤，二品用锦鸡，三品用孔雀，四品用云雁，五品用白鹇，六品用鹭鸶，七品用鸂鶒，八品用黄鹂，九品用鹌鹑。杂职官用练鹊，风宪官用獬豸；

武官：一品二品用狮子，三品四品用虎、豹，五品用熊罴，六品七品用彪，八品用犀牛，九品用海马。

《入明记》中记载宣德八年和正统元年的皇帝颁赐日本国王的清单上有织金胸背麒麟、织金胸背狮子、织金胸背海马、织金胸背白泽、织金胸背虎豹、织金胸背犀牛等名。弘治十三年，“郡主仪宾锻花金带，胸背狮子。县主仪宾镢花金带，郡君仪宾光素金带，胸背俱虎豹。县君仪宾镢花银带，乡君仪宾光素银带，胸背俱彪。”可见“胸背”之名依然流行。补子一名要嘉靖皇帝复制忠静服时才出现，“色用深青，以纻丝纱罗为之。三品以上云，四品以下素，缘以蓝青，前后饰本等花样补子”，这可能是文献中最早的补子记录了。江苏泰州明代徐蕃墓出土了八宝花缎绣孔雀纹补子。

清代入关之初对官员的服饰制度做了一次较大的厘定，实际上是几乎全盘承袭了明朝的定制，仅个别纹样有所增删，如文官补子去掉了黄鹂，武官的一品换成了麒麟等。顺治时，武一品用狮子补，三品用虎补，四品用豹补。到康熙时，对此略作调整：一品用麒麟补，公、侯、伯、郡主额驸用四爪蟒补。康熙三年，又改武三品用豹补、四品用虎补。乾隆时期，随着二十八年《大清会典（乾隆朝）》和三十一年《皇朝礼器图式》的相继修成，清朝的补服制度最终定型，其规定如下：

文官：一品绣仙鹤（图2-101），二品绣锦鸡（图2-102），三品绣孔雀（图2-103），四品绣云雁（图2-104），五品绣白鹇（图2-105），六品绣鹭鸶（图2-106），七品绣鸂鶒（图2-107），八品绣鹌鹑（图2-108），九品绣练鹊（图2-109），都御史绣獬豸。

图2-101　文一品补子，清代，引自《中国文武官补》

图2-102　文二品补子，清代，耕织堂藏

图2-103　黑地彩绣三品文官孔雀补子，清代，耕织堂藏

图2-104　彩绣四品文官云雁补子，清代，耕织堂藏

图2-105　彩绣五品文官白鹇补子，清代，私人收藏

图2-106　圈金彩绣六品文官鹭鸶补子，清代，私人收藏

图2-107　彩绣七品文官鸂鶒补子，清代，私人收藏

图2-108　平金绣八品文官鹌鹑补子，清代，私人收藏

图2-109　平金绣九品文官练鹊补子，清代，引自《中华历代服饰艺术》

武官：一品绣麒麟（图2-110），二品绣狮（图2-111），三品绣豹（图2-112），四品绣虎（图2-113），五品绣熊（图2-114），六品绣彪（图2-115），七品八品绣犀牛（图2-116），九品绣海马（图2-117）。

（二）命妇等级纹样

明清之际，有品级的命妇可以跟随夫君服用胸背或补子来显示她的地位，但在民间传说中，她们无疑更希望得到一套凤冠霞帔来增添其辉煌。而在霞帔上，除了云龙纹、凤纹之

图2-110 武一品麒麟方补，清代，引自《中华历代服饰艺术》

图2-111 武二品狮子方补，清代，引自《中华历代服饰艺术》

图2-112 缂丝武三品豹方补，清代，私人收藏

图2-113 彩绣武四品虎方补，清代，引自《中国文武官补》

图2-114 彩绣武五品熊方补，清代，引自《中国文武官补》

图2-115 彩绣武六品彪方补，清代，耕织堂藏

外，还有一组禽鸟类纹样可以排出其高低贵贱来。

皇后：青质纻丝纱罗，云霞龙纹，织金或绣或铺翠、圈金、饰以珠。

皇妃、皇太子妃：青质纻丝纱罗，云霞凤纹，织金或绣或铺翠、圈金、饰以珠。

亲王妃：青质纻丝纱罗，云霞凤纹，金绣。

图2-116 平金圈金彩绣武七品八品犀牛方补，晚清，引自《中国文武官补》

图2-117 彩绣武九品海马补子，清代，引自《中华历代服饰艺术》

郡王妃、公侯及一品二品命妇：青质纻丝纱罗，云霞翟纹，金绣。

亲王长子夫人、镇国将军夫人：青罗，翟鸡纹，金绣。

三品四品命妇：青罗，孔雀纹，金绣。

五品命妇：青罗，鸳鸯纹，金绣。

六品七品命妇：青罗，练鹊纹，金绣。

八品九品命妇：青罗，缠枝花纹，金绣。

在清代，受有诰封的命妇也各有补服，通常穿用于庆典朝会。所用纹样依其夫或子之品级而定。凡武职官员的妻、母，则不用兽纹补，也和文官家属一样采用禽纹补，意思是女子以淑雅为美，不必尚武。

此外，明清时补子除了以示官位外，还有随时依景而制的补子。清代梁绍壬的《两般秋雨盦随笔》记载："宫眷内臣，腊月二十四日祭灶后，穿葫芦补子；上元，灯景补子；五月，艾虎毒补子；七夕，鹊桥补子；重阳，菊花补子；冬至，阳生补子(阳生即冬至，指补子绣冬至节令的徽饰)。此则在品服之外，随时戏为之者。"这些，反映了补服纹样与民俗观念相结合，作为内廷宫眷们的一种消遣，从这种意义上说，补子则是官服的一种装饰格式。

思考与练习

1. 思考不同时期动物纹饰在装饰语言表达上的不同，了解背后的文化动因。
2. 对比中西动物纹样在应用形式及内涵上的不同。
3. 搜集民间纺织品中常用的动物纹样，分析类型及特征。

植物纹样

课题名称： 植物纹样

课题内容： 1. 茱萸纹
2. 忍冬纹
3. 散花纹样
4. 团花纹样
5. 树纹
6. 生色花纹样
7. 缠枝纹

课题时数： 6课时

教学目的： 植物纹样种类众多，形式丰富，是我国纺织品艺术的重要装饰素材。通过讲授让学生了解我国植物纹样从简单抽象到具象写实的过程，及其产生发展与佛教艺术间的关系，熟识众多代表性的植物纹样，如本章所讲的团花纹样、树纹、生色花纹样、缠枝纹等。

教学方法： 讲授与讨论

教学要求： 1. 了解我国植物纹样变化发展的基本脉络。
2. 掌握不同植物纹样的形式语言特征及其内在的审美寓意。
3. 掌握从写生到变化的装饰规律，并能结合流行趋势提出对传统植物纹样创新应用的建议。

课前准备： 根据时代的发展，提前预习传统植物纹样发展的脉络，并分析植物纹样中西方文化的影响。

第三章　植物纹样

植物纹样在染织纹样中占有重要地位，染织与人们的生活密切相关，花草又具有美的姿态、外形，所以在纺织品上用植物纹样装饰深受人们喜爱。在我国染织纹样史上，植物纹样出现较晚，自隋唐起，由于绘画的发展和佛教艺术的影响，染织纹样也一反自商周以来动物纹为主的装饰题材，而大量采用花草纹。隋唐时期的花草纹多具装饰趣味，花形有团花、散花等样式，层次丰富，色彩鲜艳。植物纹样的出现使染织纹样中植物类题材不断扩增，导致了我国自商周以来的以几何纹、动物纹为主要表现对象的题材结构逐渐发生了变化，新产生的散点小朵花、小簇花纹样大大地兴盛起来。如新疆出土的花鸟纹锦、宝相花纹锦、团花纹锦、散花纹锦以及日本正仓院保存的唐代大批丝织物等，都充分展示了唐代花草植物纹样的面貌，也比较完整地体现了纹样与织、绣、印、染工艺结合的状况。

宋代的植物纹样没有被装饰性较强的图案型风格所束缚，而在其中注入了富有时代特色的写生风格，即写生式的折枝花。1975年福州黄昇墓出土的丝织品，其纹样多为大小提花的折枝花卉纹。这些折枝花远不像唐代写生团花那样复杂，只是在花叶的生态特征的基础上加以不同程度的变化处理，保留了花枝的生动姿态，概括、省略了细节。折枝花在纹幅内的经营布局，也很少采用唐代写生团花那样层层组合或簇花纹样常用的散点对称式，而尽量让折枝按本身生长规律自由穿插，浑然一体。写生式纹样的出现奠定了自宋代以来，我国植物纹样发展的基础。

到了明清时期，植物纹样的形式更加多样，缠枝、团花、折枝极为活跃，直径大可逾尺，小不盈寸，各类花卉题材一应具有。最具代表性的如梅花、海棠、莲花、牡丹、菊花等象征四季更替，松、梅、竹代表气节和友谊。明清时期的植物纹样也常常搭配蜂蝶、万字、八宝等动物纹样、几何纹样，带有明显的吉祥寓意，装饰性很强，喜庆色彩浓郁，成为典型的时代图案组织形式，代表了当时人们的审美爱好。花草纹样的应用标志着人的自我意识的觉醒，摆脱了天或神的精神束缚，人认识自我，并追求自我，人把自然当作自己欣赏的对象，以满足生活的需要。

第一节 茱萸纹

茱萸纹是我国汉代时期十分流行的一种纹样，古人认为茱萸能“辟除恶气，令人长寿”，所以在丝织品上应用较多，如图3-1所示为西汉时期的茱萸纹绣样。

茱萸是一种小乔木，结实气味芳烈，可入药，作为装饰纹样的应用与民俗有着不可分的关系。每年农历九月九日重阳节，民间有登高佩带茱萸的习俗，以求免灾辟邪。汉代《西京杂记》记有汉武帝宫人贾佩兰称：“九月九日佩茱萸，食蓬饵，饮菊花酒，云令人长寿。相传自古，莫知其由。”唐代诗人王维在《九月九日忆山东兄弟》诗中也写到：“遥知兄弟登高处，遍插茱萸少一人。”清代诗人吴伟业《丁亥之秋王烟客招予西田赏菊》诗中也有“秔稻将登农父喜，茱萸徧插故人怜”之句，这些都是指重阳节佩带茱萸的习俗。在重阳这一天与好友登高相聚，也称为茱萸会。晋代周处《风土记》记载：“以重阳相会，登山饮菊花酒，谓之登高会，又云茱萸会。”

图3-1 茱萸纹绣样，西汉，湖南长沙马王堆出土

茱萸作为重阳节的佩戴之物，一开始是插的，后来装囊佩带在身上，称为茱萸囊，应用在纺织品上亦有其意。南朝梁人吴均《续齐谐记》：“汝南桓景随费长房游学累年，长房谓之曰：‘九月九日，汝家中当有灾。宜急去，令家人各作绛囊，盛茱萸以系臂，登高饮菊花酒，此祸可除……今世人九日登高饮酒，妇人戴茱萸囊，盖始于此。”《邺中记》说，石虎丝锦署中，锦的名称，也有“茱萸”一种。

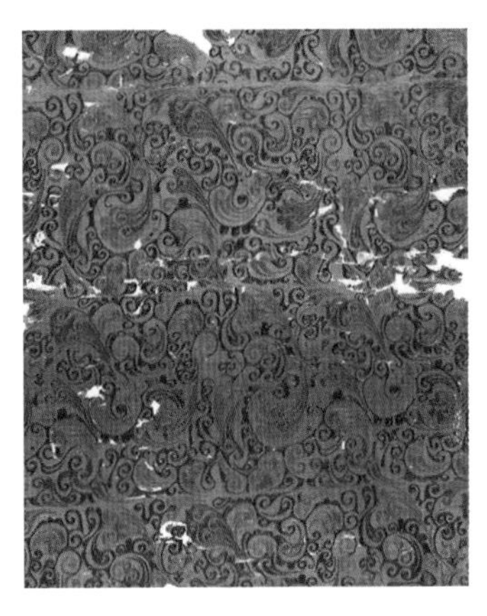

图3-2 绢地“长寿绣”，汉代，湖南长沙马王堆汉墓出土

汉代织物上的茱萸纹，常见和云纹组合一起，构成四方连续纹样，如图3-2汉代绢地“长寿绣”所示，在黄色绢地上用浅棕红、橄榄绿、紫灰、深绿等色丝线，以锁绣针法绣穗状变体云纹和花枝纹。云纹的头部似如意，尾部似飘动的穗须，在当时寓有辟除不祥、祝颂长寿的含意。类似的纹样在湖南长沙马王堆汉墓出土的锦绣上还有不少，其中著名的绣品有三种，即信期绣、长寿绣、乘云绣。“信期绣”（图3-3）其实是变形的鸟类纹样，近似燕子的形状，作为常见的候鸟，人们已经能观察到其按期南

图3-3 信期绣，汉代，湖南省博物馆藏

图3-4　乘云绣，汉代，湖南长沙马王堆汉墓出土

迁又按期而返的“信”。出于对这种美好德操的追求和赞美，便将有燕子外形特点的绣纹谓之“信期绣”，图案如灵鸟飞舞，悠游天地，酣畅舒展。图3-4所示为黄棕绢地“乘云绣”，用朱红、棕红、橄榄绿等色丝线，采用锁绣法，在黄棕绢地上绣出飞卷的流云，云气中隐约可见露头的凤鸟，寓意凤鸟乘云。有学者认为，这三种都是以茱萸纹为变体的纹样。

随着时代的发展，茱萸纹作为一种吉祥图案广为流行，在古代的一些织物、家具、陶瓷等上纷纷应用作为装饰图案，如绛地茱萸回纹锦（图3-5）、香色地红茱萸纹锦（图3-6），寓意辟除恶气，令人长寿，深受人们的喜爱。

图3-5　绛地茱萸回纹锦，东汉，新疆楼兰古城出土

图3-6　香色地红茱萸纹锦，西汉，湖南省博物馆藏

第二节　忍冬纹

忍冬纹又称“卷草”，古代寓意纹样，东汉末期开始出现，魏晋南北朝时最为流行，在早期的纺织品装饰上有出现。忍冬是一种蔓生植物，其花长瓣垂须，花开先白后黄，俗呼“金银花”“金银藤”。又因它越冬而不死，故称忍冬，所以被大量运用在佛教装饰上，比作人的灵魂不灭、轮回永生。

魏晋南北朝时期的忍冬纹较为清瘦和程式化，一般呈叉刺状或为三个叶片或花瓣与一个叶片或花瓣的相对排列。如敦煌千佛洞发现的北魏刺绣，其忍冬纹在龟背纹骨架中排列，但是其变化是多种多样的，如图3-7所示。唐代四叶忍冬纹串珠绣残片（图3-8），吸收了隋唐时期代表的联珠形式，而忍冬纹的样式也变成更加程式化的三片叶样式，带有了唐代卷草的韵味。

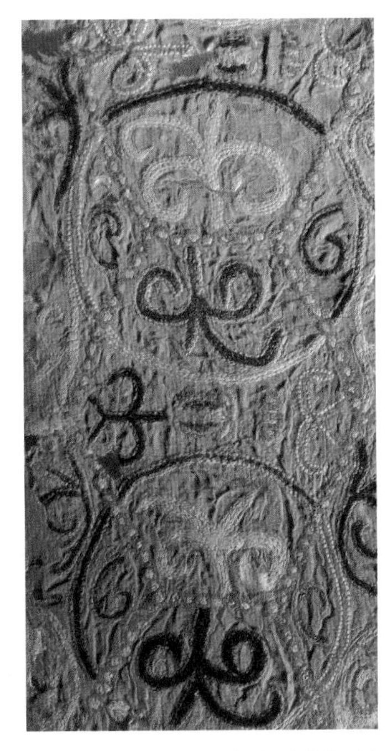

图3-7　忍冬联珠龟背纹刺绣花边，北魏，甘肃敦煌莫高窟出土

图3-8　四叶忍冬纹串珠绣残片，唐代，新疆伊犁哈萨克自治州文物管理所藏

有人认为忍冬纹是莲叶的变体，这只是一种推断。也有人认为忍冬纹是源于古希腊的“棕叶”，此纹样在印度曾一度流行，并被犍陀罗文化所吸收，后随着佛教沿丝绸之路向东传播到中国。中国虽在秦汉时已用忍冬枝叶入药，但用金银花蕾入药却在明代，魏晋时期传入的外来纹样显然不可能取材于金银花。古代西亚、中亚盛行的“生命树”崇拜，形成了理想化的“圣树”，其中类似葡萄、有枝叶和丰硕果实的卷叶纹样就成了象征“生命树”的“忍冬纹”。它们随着中亚地区曾经十分兴旺的佛教和袄教流入中原，既是南北朝时期流行的“胡饰”，也是佛国天界和净土的象征，还可能与“厌火”的“藻纹”混为一体，如西魏时期的忍冬纹图案（图3-9），纹样造型趋向“圣树”形象。

图3-9　忍冬纹，西魏，甘肃敦煌莫高窟出土

第三节 散花纹样

散花纹样是指以散点形式排列的花草纹样，其表现得形式甚多，有的有枝有叶有花呈折枝状；有的只有花和叶，茎叶在下、花朵在上，呈向上直立状；有的则是只有叶而没有花。常见的散花纹样主要有簇花纹样及散答花纹样，如北朝散朵花纹印花毛织品纹样（图3-10）、汉代四瓣花纹毯（图3-11），唐代菱格菱角叶纹印花绢（图3-12）、菱格小团花印花绢（图3-13）。

图3-10 散朵花纹印花毛织品，北朝，新疆维吾尔自治区博物馆藏

小簇花外形一般为圆形，线纹纤细，丰满繁丽，是唐代十分流行的一种纹样样式。簇是从聚之意，即形成一朵朵小型的花簇，寓意“花团锦簇”，唐代白居易《缭绫》诗中的“地铺白烟花簇雪”即指此。如图3-14所示的唐代印花纹样，是用印染工艺制作而

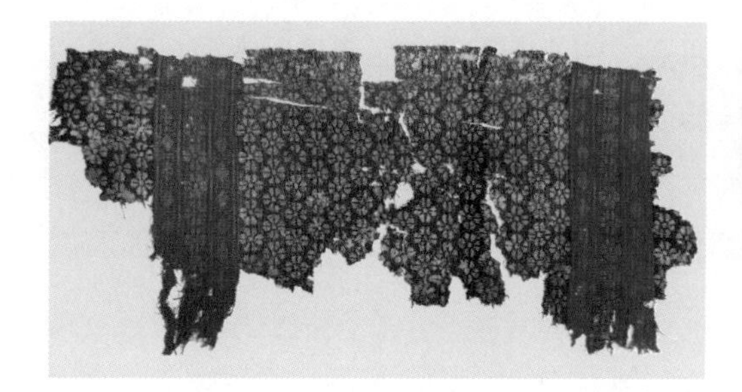

图3-11 四瓣花纹毯，汉代，新疆营盘遗址出土

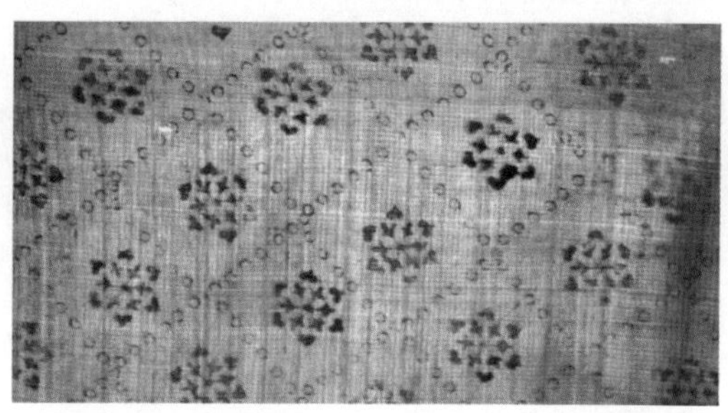

图3-12 菱格菱角叶纹印花绢，唐代，新疆维吾尔自治区博物馆藏

图3-13 菱格小团花印花绢，唐代，新疆吐鲁番阿斯塔那墓出土

图3-14 棕色印花绢，唐代，新疆维吾尔自治区博物馆藏

成的纹样，在菱形连接处饰以一朵四瓣小花，在两排连续菱形之间再饰以六瓣小花构成全幅纹样，花型优美，布局匀称，具有很好的服用效果。唐代簇花纹样的表现形式常常是花叶并重，花叶常常搭配出现而不是只有花而无叶，或将叶做次要处理，体现了唐代富丽丰满的艺术效果。如图3-12所示的唐代菱格菱角叶纹印花绢，纹样由菱角叶与花一起形成簇花、在菱形空格内连续排列而成，花型饱满，造型准确完整，富有装饰性，又如图3-15与图3-16所示的印花。唐代后期，受到写实花鸟画流行的影响，写实花鸟纹样在织锦纹样中异军突起，簇花纹样也出现写生式变化，形式变得精炼简洁。宋代时，又发展成生色花纹样。

图3-15　黄色朵花印花纱，唐代，新疆维吾尔自治区博物馆藏

图3-16　绛红地朵花印花纱，唐代，新疆维吾尔自治区博物馆藏

散答花即呈散点排列、没有枝叶的朵花纹样，“答”通“搭”，有搭配之意。散答花常见于官服纹样，作为区别官员等级的重要标识之一。元代服饰制度规定，一品官员公服上绣直径五寸的大独窠花，二品官员公服上为直径三寸小独窠花，三品为直径二寸的散答花、无枝叶，四品五品为直径一寸五分的小杂花，六品七品为直径一寸的小杂花。《明史·舆服志》也有相似规定：“一品大独科花，径五寸；二品小独科花，径三寸；三品散答花无枝叶，径二寸；四品五品小杂花纹，径一寸五分；六品七品小杂花，径一寸；八品以下无纹。”独科（窠）花即指团花纹样，详解参见本章第四节；杂花应是尺寸较小的散答花。

第四节　团花纹样

一、团花的概念及发展

团花是我国吉祥纹样的一种，广义上讲，是指传统圆形纹样的类型称谓，主要以花草植物、珍禽瑞兽、吉祥文字、才子佳人等纹样构成圆形的或适合圆形之内的图案，象征吉祥如意、一团和气。本节主要研究的团花纹样是指以花草植物为素材的圆形纹样，属于团

图3-17　宝花水鸟印花绢，唐代，新疆吐鲁番阿斯塔那出土

图3-18　宝相花纹锦，唐代，日本正仓院藏

花纹样的狭义概念，也是名正言顺的“团花”，如图3-17所示的宝花水鸟印花绢、图3-18所示的宝相花纹锦。

团花是我国传统纺织品上花卉植物纹样的一大类型，与折枝花、缠枝花构成了我国传统花卉植物纹样的总体形态，在明清服饰上大量应用，如图3-19所示的大红色绛丝彩绘八团梅兰竹菊纹夹衣。团花的圆形形式早在春秋战国时期的瓦当纹中就已经成型，当时的结构一般以花蕊为中心，花瓣呈放射状向四周展开，造型简洁工整、装饰性较强。有的学者称这种花纹为摘枝花，意为没有枝叶的花朵。到隋唐时期，宝相花的出现代表了传统团花纹样程式化的最高水准，宝相花把多种花卉元素组合在一起，形式饱满，色彩绚丽，且具有浓厚的宗教色彩，是唐代审美意识的典型代表，如唐代大窠宝花纹锦（图3-20）。从此开始，团花纹样成为我国服饰上的固定图案，广泛应用于各类纺织面料之上，如唐代瑞花印花绢褶裙（图3-21）。宋代时，写生式植物纹样的出现也为团花样式带来新鲜的血液，以写生式折枝花、缠枝花为题材的团花纹样形式丰富、变化多样，成为明清之际织绣服饰纹样的重要题材，如图3-22所示的北宋重莲团花锦。在当代，

图3-19　大红色绛丝彩绘八团梅兰竹菊纹夹衣，清代，北京故宫博物院藏

图3-20　大窠宝花纹锦，唐代，瑞士阿贝格基金会藏

团花纹样被视为中国传统文化审美的典型代表，最具有中国文化中所强调的“天人和谐、以和为贵”的气质，所以也经常被用在代表中华文明的服饰设计之上，如唐装的设计等。

图3-21　瑞花印花绢褶裙，唐代，新疆吐鲁番阿斯塔那出土

二、团花纹样的形式特征

唐代是团花纹样应用最为兴盛的时期，唐代绘画《捣练图》(图3-23)、《虢国夫人游春图》、《簪花仕女图》(图3-24)、《纨扇仕女图》等中的人物衣着上都画有团花花纹，花型自然多变，叶短、肥、圆并围绕花朵铺展，同时按米字或井字骨格作规则的散点排列。新疆吐鲁番阿斯塔那出土的红地花鸟纹锦(图3-25)，由写生花头组合成放射对称型中心花，四面由嘴衔花枝的绶带鸟和对称型的小花树组围合，形成团花。《唐六典》记载的丝绸贡品名目有独窠、两窠、四窠、小窠等，从出土实物来看，与今天四方连续的一点排列、二点排列、四点排列类似。新疆阿拉尔出土的北宋灵鹫球纹锦袍(图3-26)中的灵鹫球纹，就是以单位球纹四方连续排列构成。球纹之间以小的球纹相连，球纹内一对灵鹫相背而立，间饰花树，纹样造型及格式均属于典型的西亚风格。又如敦煌宋代壁画供养人服饰上的团花织锦纹样(图3-27)，单位团花纹以四瓣花为中心、四叶按十字型展开，外接圆弧线枝蔓构成，以米字骨格作散点排列，疏朗大方，具有唐代团花的遗风。

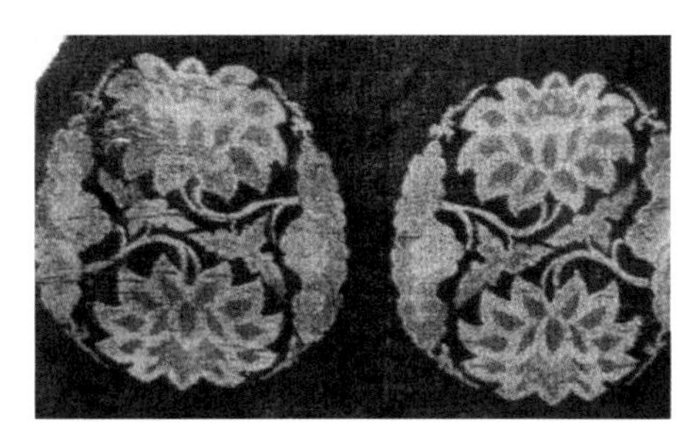

图3-22　重莲团花锦，宋代，新疆阿拉尔出土

团花的主要样式是把单位纹样组合成圆形或近似圆形的图案，所以圆形是团花外在的基

图3-23《捣练图》局部，唐代，张萱绘

图3-24《簪花仕女图》局部，唐代，周昉绘

图3-25　红地花鸟纹锦，唐代，新疆维吾尔自治区博物馆藏

图3-26　灵鹫球纹锦袍局部，宋代，新疆阿拉尔若羌墓出土

图3-27　敦煌宋代壁画供养人临摹图局部，来自敦煌莫高窟

图3-28　红地联珠团花纹经锦，唐代，日本正仓院藏

本形状，但在内部元素的构成形式上一般有单独式、组合式两种（图3-28）。团花的圆形构成形式体现了中国传统审美对对称、均衡之美的重视，体现了多样统一的艺术辩证规律，单纯中包含着矛盾、冲突和对立，即单纯中求丰富、对比中求和谐。

团花中最具代表性的样式当属宝相花，如图3-29所示，又称“宝仙花”“宝花花”，原为佛教美术一种程式化的装饰花纹。因佛教常以“宝相庄严”四字来敬称佛像，故“宝相”故有“宝”和“仙”的含义。宝相花起源于东汉，唐、宋、元时期有所发展，明、清两代比较盛行。宝相花的构成方法，是将自然形态的花朵进行艺术处理，使之成为理想的、富有装饰性的花朵。具体地说是将牡丹、莲花、菊花的花朵、花苞、花托、叶片等形象素材，以四向对称放射或多向对称放射的形式，组织成圆形、菱形或方形装饰纹样。通常在每一层花朵、花苞的中心点或叶子的基部中心，镶嵌最鲜艳的小块颜色，周围以蓝、绿、棕、驼分成不同明度层次，逐渐褪晕，使之显现出珠玉宝石镶嵌般的华丽效果，如图3-30所示的红地宝相花纹锦、图3-31所示的天蓝地宝相花纹锦和图3-32所示的橙色云纹地宝相莲花重锦。

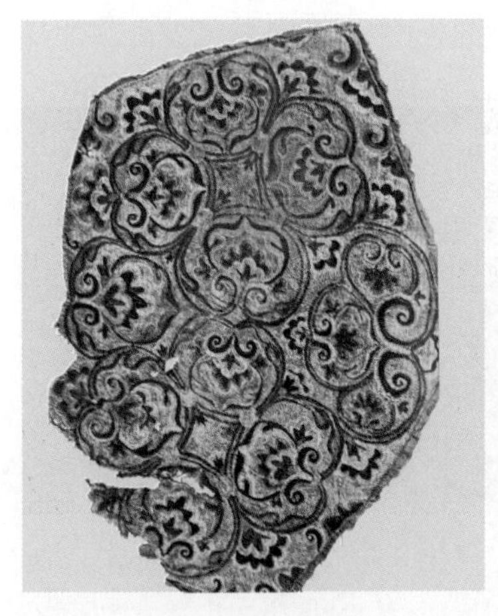

图3-29　宝相花刺绣马鞍残片，晚唐，青海都兰县吐谷浑墓葬出土

图3-30　红地宝相花纹锦，唐代，日本正仓院藏

图3-31　天蓝地宝相花纹锦，唐代，日本正仓院藏

单独式团花主要有镜花、小簇花（图3-33）、独窠花（图3-34~图3-39）、瑞花（图3-40~图3-43）等形式，还有以中心花纹与周边团花组合成的复杂团花形式，如宝相花，这类团花纹层次增多，形象丰富，是团花最为丰富的典型（图3-44）。

组合式团花纹样主要以轴对称以及均衡式对称构图为主，如类似太极图中的S型结构，在宋代发展成为定型的所谓“喜相逢”的构成形式。其特点是以S形线把圆形画面分成两个阴阳交互的两部分，形成一对相反相成、有无相生的变化统一的形象。它将一切变化容纳于一个周而复始的运动中，而这种运动是可以相互转化、相互包容的，没有起点，也没有终点，阴阳相互依存，相互制约，共处于一个有机整体。它能准确地表现自然和宇宙的含义，成为封建社会后期象征喜庆团圆的纹样样式。如图3-45所示的黑地绣菱格团花纹交领窄袖团衫，单位团花纹样是由一正一反两个写实莲花组成，图3-46所示的萱草团花纹则是由一正一反的两朵萱草花组成。

图3-32　橙色云纹地宝相莲花重锦，清代，北京故宫博物院藏

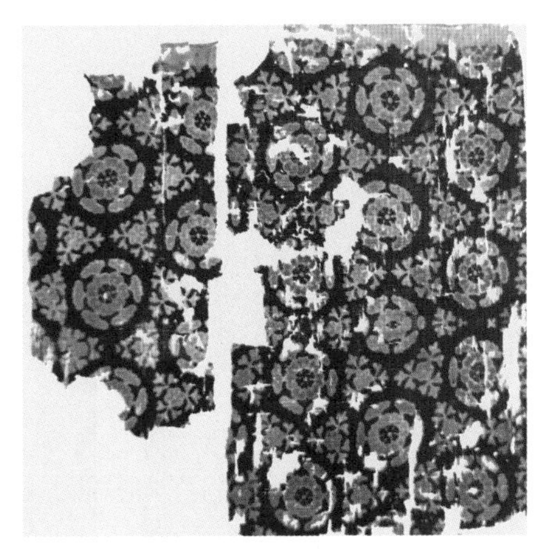

图3-33　簇六团花夹缬，晚唐，大英博物馆藏

三、团花纹样的文化内涵

“团花”是中国最具有高贵气质和传统属性的圆形纹样，在形式上凝聚着比较浓厚的民族文化意义，是大众对“团圆美满”生活的心理追求。“圆”是团花的显性基本元素，中国文化与世界其他文化一样，都认为“圆”是和谐完美的，但中国人以“圆”的崇尚与信奉“天”的意识密不可分。我国古代对客观世界的认识有“天圆地方”的总结，认为“天大”为“圆”，因此圆形是周而复始的，代表着生生不息，是一种表现永恒的客观定律。“圆”意味着和谐、平衡、适度。然而，团花之所以称为“团花”，不仅因为它是圆的，更重要的还在于“团”。“团”有将非圆形物体糅合成圆形，或将松散物体凝结、凝聚在一起，使之成为不可分开的整

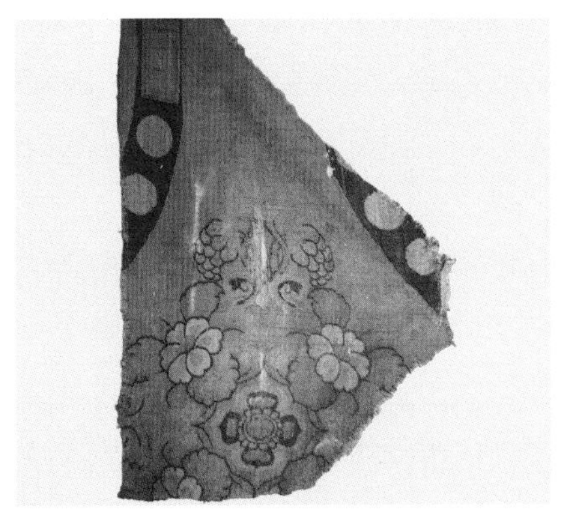

图3-34　大窠联珠宝花纹锦，唐代，中国丝绸博物馆藏

图3-35 红地花叶团纹锦，唐代，日本正仓院藏

图3-36 绛色宝相花狮子纹锦，唐代，日本正仓院藏

图3-37 青地团花纹锦，唐代，日本正仓院藏

图3-38 彩绘宝相花绢，唐代，新疆吐鲁番阿斯塔那出土

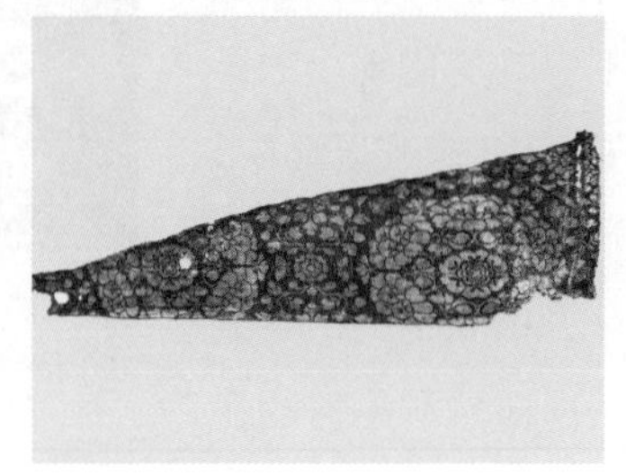

图3-39 宝花纹锦，唐代，中国丝绸博物馆藏

图3-40 宝相花纹锦边饰，唐代，新疆吐鲁番阿斯塔那出土

图3-41 花地花卉纹锦，唐代，日本正仓院藏

图3-42 深棕色地宝相花纹锦，唐代，日本正仓院藏

图3-43 海蓝地宝相花纹锦，唐代，新疆维吾尔自治区博物馆藏

体的含义。团花之所以成为团纹中的圆形，是因为有了“团”的行为过程。这种“团”的行为过程，也正是团花在形式上的主要特征，它包含着中国人所崇尚的“团”的文化观念，是中国儒家文化“和合”精神的体现。

团花纹样体现了中华民族独特的设计美学思想，它以简单的圆形体现了古代中国人的美学追求与精神文化内涵，它不仅是一种形式，更是一种宇宙观，一种生命品格的象征，诠释着一种天人和谐、祈福纳祥的圆满美。

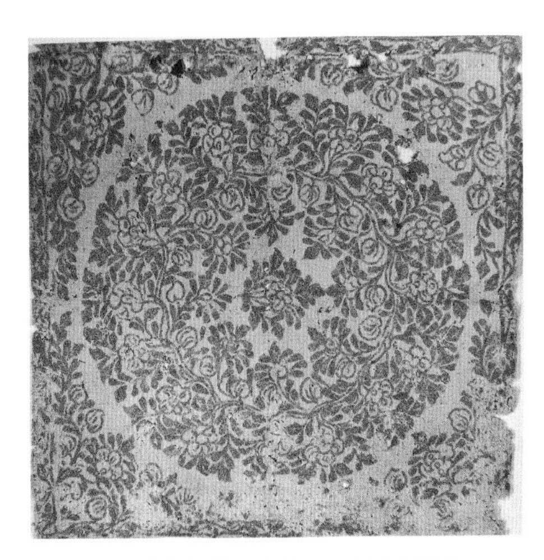

图3-44　团花花毡，唐代，日本正仓院藏

图3-45　黑地绣菱格团花纹交领窄袖团衫，来自内蒙古自治区赤峰宝山2号辽墓石方内南壁壁画侍女图

图3-46　萱草团花纹刺绣，内蒙古自治区金墓出土，引自《纺织品考古新发现》

第五节　树纹

在中国繁华绮丽的丝绸植物纹样中，树纹以其平淡朴素的姿态占据着一席之地。虽然从姿态、颜色上都不如花卉纹样鲜艳夺目，但其承载了更多的民族精神文化内涵，是生命繁盛的标志，象征生命的绵长。这一文化现象在古埃及、古罗马、两河流域、印度等地的树纹装饰纹样中也有所发现，所以它是世界各民族及不同宗教信仰中共通的一种古老的文化现象，只是具体形式或内容上稍有不同罢了。

生命树纹样最先在丝织品上出现是从西方开始的，在西方的古埃及和古两河流域地区发现了最早的生命树纹样，其图案常见的构成方式为中央的圣树和两边对称的守护神，这种装饰构图被大量应用于建筑装饰、手工艺和织物纹样上（图3-47）。这种“一树和两守护神”的模式经过发展逐渐成为西方原始生命树的定式，并逐渐向东影响到中国，成为我国早期生命树的样式。我国丝织品上的装饰纹样早期多以动物纹和几何纹为主，到战国时期，植物纹样才较多地出现在丝织物上，但多以茱萸这样弯曲缠绕的藤蔓类植物形象为主。直到西汉汉武帝时期，张骞出使西域

图3-47　亚述守护神浮雕，来自亚述纳什巴尔宫殿遗址

图3-48 绿地对鸟对羊灯树锦，北朝，新疆维吾尔自治区博物馆藏

图3-49 树叶锦，约5世纪，埃及安底诺遗址出土

图3-50 胡人对狮纹绫，唐代，日本正仓院藏

打通了连接东西文化的丝绸之路，进而迎来了双方文化的第一次大交融，才使得流行于西方的生命树纹样逐渐登上了中国丝绸艺术史的大舞台，并大放光彩。

一、树纹的发展与演变

生命树纹样在我国丝织品装饰领域中的使用大概起始于魏晋南北朝时期，在隋唐得到较大发展，并形成了特有的本土化风格。唐代以后，具象的生命树纹被松、竹、梅等纹样取代，并被赋予了更多的吉祥含义。

（一）早期生命树纹样

魏晋南北朝时期，玄学的兴起、佛教的输入、道教的勃兴、丝绸之路的成熟以及波斯、希腊文化的流入，使得这一时期的各个文化领域中都表现出诸多外来文化因素相互影响、交相渗透的特点。“生命之树”纹样的出现及运用便是随着这一变化带来的。西方生命树纹样形成较早，且具有自己固定的样式，丝绸之路的开通使得当时有关西方崇拜生命树的一些思想和习俗首先传入我国新疆地区，并进一步向内陆流传，这从在新疆出土的丝织文物和文献中可以得到证实，如吐鲁番阿斯塔那古墓出土的北朝对鸟对羊灯树纹锦（图3-48）、埃及安底诺遗址出土的树叶锦（图3-49）、唐代胡人对狮纹绫（图3-50）等，其形式和造型都带有西方“生命树”的明显特征。其中北朝对鸟对羊灯树纹锦的图案以塔形灯树纹为主，树内以弧线分割为三层六个区域，每个区域内置一花灯，使简单的生命树纹样更具层次感和装饰性。而树的边缘部分也十分精致，一圈细密的小条纹柔化了树的边缘，从而增添了份光辉神圣的气息。树根部另设有一台座，造型与西方雕塑及建筑中的台柱相似。此外，树下还跪着一对山羊，颈上系有随风飞舞的飘带；灯树上方还间或有小葡萄树纹和衔叶的对鸟纹。其抽象而规则的几何形灯树造型，显然也是受到了西方生命树纹样的影响。另一个较为重要的生命树纹锦便是类似埃及安底诺遗址出土的北朝树叶纹锦（图3-51）。但严格来说，其图案并不能真正算作生命树纹样的范畴，因为正如其名，它的图案是以二方连续形式排列的树叶形象而非树木本身。但无论是其图案的生命树象征含义还是其同样颇具装饰性的造型手法，从纹样研究角度看，都与其他生命树纹锦有着密切的相关性。此锦的树叶造型类似于扑克牌花色中的倒心形，叶内还分布有小菱形图案，因而形式上显得更为精致透气。另外，每片叶茎上都装饰有西域风格中典型的小飘带，色彩上蓝色与黄色互做花地，明亮鲜艳。如图3-52所示的莲座双翼树纹锦、图3-53所示的鞍毯中间的树叶纹，也系有飘带。

图3-51 树叶纹锦，北朝，新疆吐鲁番阿斯塔那出土

（二）发展成熟期的生命树纹样

隋唐时期，源自西方的生命树纹样经过时间的消化和吸收，装饰性减弱，造型上变得更加写实，多表现为华丽的花树，构图上常与当时极为盛行的联珠纹相结合，在环状的连珠圈内配置一棵高大的花树，左右多搭配相对的动物纹样，常见的有鹿、狮子、翼马、飞鸟等，以及一些勇士和狩猎图案。如唐代联珠花树对鹿纹锦（图3-54）、四骑士狩猎纹锦（图3-55）、花树对羊纹锦（图3-56）等。我们从上述的实物纹样中可以看到，此时的生命树纹样从艺术造型或是含义上都得到了全新的、本土化的发展，唐代雍容华丽的艺术风格显然影响到了此时生命树的样式，首先是向着更加繁复和华丽的形象发展，有些仍具有明显的中亚装饰风格，但已与魏晋时期两样。如唐代的花树对羊纹锦，其生命树造型虽然仍以装饰性为主，并逐渐被大朵的花卉所代替，形式上却繁杂精致，茂盛的花树周围搭配翩翩起舞的蝴蝶，使整个纹样更具自然气息。在对羊纹的处理上也更加自然写实，西方动物脖颈、四肢上常见的飘带已不见，这些都标示出生命树纹样在隋唐时期的本土化现象。

图3-52 莲座双翼树纹锦，北朝，中国丝绸博物馆藏

同时，与其他装饰纹样一样，生命树在唐代的变化除了造型上的华贵大气外，亦向着更为写实的方

图3-53 树叶纹鞍毯，西汉，新疆维吾尔自治区博物馆藏

图3-54　联珠花树对鹿纹锦，唐代，新疆吐鲁番阿斯塔那出土

图3-55　四骑士狩猎纹锦，唐代，日本法隆寺藏

图3-56　花树对羊纹锦，唐代，日本正仓院藏

向发展，并逐渐摆脱了之前明显的西方风格，形成了一种繁复中略具环境色彩且富贵大气的装饰风格。其在形式和造型上都表现出了高度的一致性，树纹均纤细而轻盈，但树冠亭亭如盖，并伸出许多枝杈，树叶繁茂如花，果实累累；树下也多带有十分华丽的装饰，似乎是表现生命之树牢牢植根于地下的强壮根须。可以看出这种树木纹样再不似以往的那样神秘而抽象，效果上更像是开着朵朵大花、生机盎然的寻常树木。作为早期生命树纹样的一种吸收和延续，我们也将其称为花树。这种花树形象多置于圆形联珠纹中央，并搭配有左右对称的主题图案，如唐代花树对鸳鸯纹颊缬（图3-57）、唐代（图3-58）团窠联珠对翼马纹锦。

图3-57　花树对鸳鸯纹颊缬，唐代，日本正仓院藏

（三）晚期生命树纹样

唐代以后，植物纹样越来越多地呈现于装饰领域，演变成千姿百态的花草纹。明清之际，吉祥纹样的盛行，使得松、竹、梅等树纹形象被赋予高洁、万寿等寓意，并大量出现在丝绸纹样的装饰中，成为丝绸树纹的又一篇章。

二、生命树的文化内涵

生命树从字面来看，即有象征生命繁衍之意。在本土化的过程中，其形式特征发生了众多改变，但对生命繁盛的内在寓意却与中国传统神树崇拜逐渐融合，发展成中国生命之树的一种新形式。

中国古代宗教信仰中亦有对“树”的崇拜，

有许多关于通天树的传说，如《山海经·海外东经》中写到："下有汤谷。汤谷上有扶桑，十日所浴，在黑齿北。""大荒之中有山，名曰孽摇頵羝，上有扶木，柱三百里，其叶如芥。有谷，曰温源谷。汤谷上有扶木，一日方至，一日方出，皆载于乌。"描写的是神树扶桑，其顶端居住着太阳的传说。《玄中记》中也有同样的记载："天下之高者，有扶桑无枝木焉，上至于天，盘蜿而下屈，通三泉。"又说"蓬莱之东，岱舆之山，上有扶桑之树，树高万丈。树巅常有天鸡，为巢于上。每夜至于时，则天鸡鸣，而日中阳乌应之；阳乌鸣，则天下之鸡皆鸣。"《海内十洲记》曰："扶桑在碧海中，上有天帝宫，东王所治，有椹树，长数千丈，二千围，同根更相依倚，故曰扶桑，仙人食其葚，体作紫色，其树虽大，椹如中夏桑也，九千岁一生实，味甘香。"可见，扶桑树是中国人传统意识中通天的神树。通天之树，下从地出，上向青天，高大伟奇，昂然屹立。

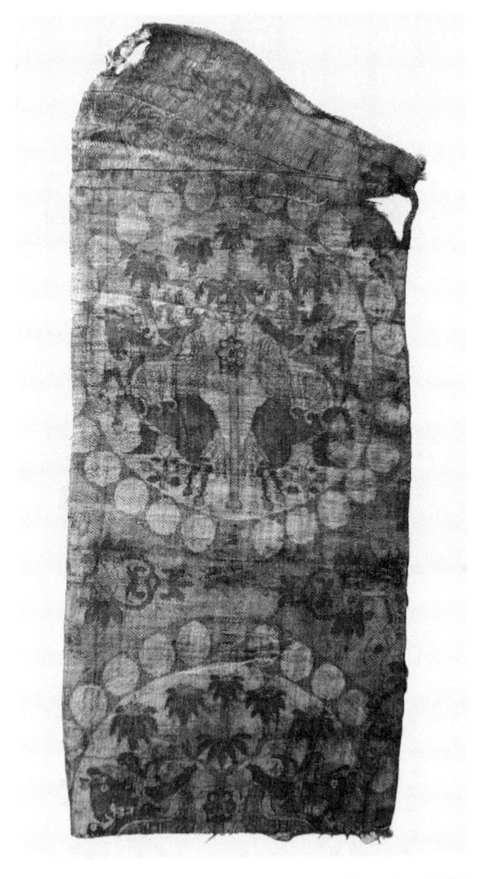

图3-58　团窠联珠对翼马纹锦，唐代，中国丝绸博物馆藏

神树扶桑是通天之树，在中国古代文化中还有象征生命和繁衍的桑树。《淮南子》高诱注："桑林者，桑山之林，能兴云作雨也。"所谓"兴云作雨"，是中国古代性关系的隐语。《诗经·国风·鄘风·桑中》也写到："爰采唐矣？沬之乡矣。云谁之思？美孟姜矣。期我乎桑中，要我乎上宫，送我乎淇之上矣。""桑中"和"上宫"就是"桑林之社"，男女幽会之处。桑树与我国文化有着不可割断的渊源关系，桑树成就了我国丝绸之国的美誉，也是我国传统文化中的生命之树。古人在桑林筑社祷告不仅是为了农产有收，也为了生命延续的男女之欢。此外，中国文字之"生"的甲骨文字形，也是取象于树，象征着木之初生。

源自西方的生命树纹样，自魏晋时期起作为我国丝绸艺术史中不可忽视的一部分，在古老的东方文化背景下开花结果并继续发展，表现出了许多鲜明而独特的艺术特点。从早期较强烈的西方特色到唐代明显的东方风格，从抽象简约的几何造型到精致写实的华丽表现，从简单规律的装饰排列到联珠纹中的支撑平衡，生命树纹样展现出了其勃勃的艺术生机，也为我国丝织品纹样增添了弥足珍贵的一份神秘和美丽。

第六节　生色花纹样

“生色花”是我国传统装饰纹样的一种，是南宋时期流行的代表性纹样，多见于宋代及以后的瓷器、纺织品、壁画等装饰图案中。“生色花”纹样特征明显、形式优美、意蕴深远，其写实性的手法开创了我国传统植物纹样从装饰到写实的发展变化，见证了花卉纹样日渐成熟的过程，形成了宋代清新自然的装饰风格，并对明清时期花卉丝绸纹样的发展方向产生了深远影响。

图3-59　印花写生花草纹，晚唐，来自敦煌莫高窟113窟彩塑天王裤腿

图3-60　写生型折枝花，唐代，来自莫高窟130窟晋昌郡都督乐庭环夫人礼佛图中侍女的衣服

图3-61　染缬竖条花草纹，晚唐，来自莫高窟9窟壁画女供养人披肩

一、“生色花”纹样的产生与发展

“生色花”即指写生似的折枝花。“生色花”一词最早见于宋代，其产生和发展得益于自唐代以来写实性绘画的发展，尤其是深受宋代花鸟画的影响。写生性绘画在唐代已有记载，唐代李贺的《秦宫诗》云：“桐英永巷骑新马，内屋深屏生色画。”其中，生色画意为形象生动的写生画。敦煌莫高窟的隋唐壁画中就有不少写生的花草纹样（图3-59~图3-61）。时至宋代，《营造法式》中曾出现“写生”一词，书中将花卉图案明确分为写生花与卷叶花两种，据从福州黄昇墓、江西德安周氏墓、湖南衡阳何家皂墓出土的丝织品纹样来看，写生花大量用在丝绸织物上，卷叶花则很少，可见写生花实为“生色花”，如图3-62所示的褐色牡丹花罗。此外，名著《水浒传》中也有“生色花”的记载，例如在描写杨志的一段中写到：“头戴一顶铺霜耀日镔铁盔，上撒着一把青缨；身穿一副钩嵌梅花榆叶甲，系一条红绒打就勒甲绦，前后兽面掩心；上笼着一领白罗生色花袍，垂着条紫绒飞带……”，说明“生色花”在当时已是较为普及的丝绸纹样。

“生色花”在丝绸纹样中的兴起发展与宋代的社会背景有着密不可分的关系。首先，宋代的审美情趣与隋唐、五代相比，也发生了较大变化，文人士大夫开始寄情于世外桃源的隐逸生活，陶醉于山

图3-62 褐色牡丹花罗，宋代，福州黄昇墓出土

图3-63 青地折枝菊莲、牡丹、梅花织金缎，明代，北京故宫博物院藏

水花鸟的闲情逸致，寻求自然清淡的天然之美。其次，宋代花鸟画繁荣，讲究刻画精微、栩栩如生，如《宣和画谱》中记载的各种植物花卉题材就多为写生风格。这种审美趣味的转变和写实花鸟画的兴起极大地影响了宋代丝绸纹样的题材和风格变化，使宋代的丝绸纹样突破了隋唐以来的装饰性较强的风格束缚，注入了写实性的时代特色。写实性的生色花反映了人们对自然之美的欣赏和超然物外的审美追求，自此，“生色花”在丝绸纹样中开始大行其道，成为我国传统植物纹样的一大形式，如图3-63所示的明代青地折枝菊莲、牡丹、梅花织金缎，图3-64所示的清代红地折枝玫瑰花金宝地妆花缎。

图3-64 红地折枝玫瑰花金宝地妆花缎，清代，北京故宫博物院藏

二、生色花纹样的形式特征

（一）写实性

写实性是“生色花”丝绸纹样的首要表现特征。写实不是对自然景物的照抄照搬，是在自然景物造型基础上的高度概括和提炼，是美化的自然。“生色花”纹样在写生过程中尊重花叶的基本生态特征而稍作变化，花卉形态力求生动逼真，其形态特征明显，一目了然。出土丝织品的名称也由此常用花卉名称来命名，如绛地牡丹芙蓉花罗（图3-65）、绿地芙蓉栀

图3-65 绛地牡丹芙蓉花罗，南宋，福州黄昇墓出土

图3-66 绿地芙蓉栀子花绫，南宋，福州黄昇墓出土

图3-67 茶花纹罗，南宋，福州黄昇墓出土

图3-68 缠枝芙蓉牡丹纹（临摹图），南宋

图3-69 深褐色牡丹花罗背心，南宋，福州黄昇墓出土

子花绫（图3-66）、茶花纹罗（图3-67）、缠枝芙蓉牡丹纹等（图3-68），不似隋唐时期的程式化花卉纹样，统一概括为团花、散答花、宝相花等名称。写实性风格的应用是自隋唐以来植物丝绸纹样的一大转变，自南宋便开始占据丝绸纹样的主导地位，并影响到明清时期丝绸纹样的发展方向。自然写实的“生色花”配以宋代清淡柔和的理性色彩，织制在轻薄如云的纱罗织物上，呈现出一派自然清新、绝世超尘之气，如图3-69所示的深褐色牡丹花罗背心。

（二）连续性

“生色花”的构成形式主要以折枝式为主。所谓“折枝”，其法由来已久，主要以单枝花卉写生为原型，致力于描绘单枝花叶本身。“折枝花”来源于花鸟画，宋代后应用到工艺美术的各个方面，又被称为“生色花”，其形式也相应发生了一些变化。如瓷器上的折枝花多为适合性纹样，以适合瓷器表面的装饰需要；缂丝艺术上的“生色花”则更接近真实自然，虽是经纬织制，却胜似书画；运用到丝绸上面，其形式又有所不同。“生色花”纹样的花头与枝干通常呈C形或S形组成关系，C形和S形的骨架结构有利于纹样间的组织排列，以形成无限延伸的四方连续纹样，适合丝绸生产的需要。C形结构的“生色花”一般有左右两个朝向的花枝，同方向的花枝作均匀排列，上下排之间则方向相反，花苞、叶片装饰其间，有韵律之美。S形结构的“生色花”可或正或反地相切，组成连续的穿枝“生色花”。穿枝的“生色花”一般枝干纤细、流畅，花头硕大，且朝向与枝干方向相切，似娇艳带雨，有妩媚之态，又可与多种花卉结合，大小搭配，寓意吉祥。“生色花”的结构形态优美婉转、圆润流畅、富有变化，也象征了欣欣向荣的“生命力”。

（三）装饰性

丝绸纹样上的“生色花”非常注重花头与枝干的关系，枝干的走向是构图时最需要用心考虑的造型因素，枝干的表现可以直接决定画面形与形之间的协调关系和图案的整体感。主枝干多采用一粗一细两种线条，以单一走向为主，花型多用对称手法正面展开，强化其整体感，以适合装饰的需要。一般用大朵的牡丹、芙蓉、茶花作为主体，用海棠、梅花等这类较小的花蕾来搭配，大花左右呼应、似仰若卧，小花灵活自由、点缀其间，不同花卉搭配起来又具有吉祥寓意，内涵丰富。C形骨架挺拔有力，S形曲线柔美婉约，两者结合装饰效果极佳。另外，“生色花”丝绸纹样中还常见叶中有花、花中有叶的图例，这种花叶相套的效果为宋代独有，你中有我，我中有你，妙趣横生且精致迷人。

三、生色花纹样的美感特征

（一）形式美

“生色花”写生式的手法灵活生动，单枝花卉形态写实、自由，单位纹样又可以与人物、动物纹自由组合，构成势态优美、疏朗有致、寓意吉祥的穿枝纹样，这种写生式的手法也体现出人们追求美的形式的审美意识，传达的是一种“天地有大美而不言”的美学境界。

“生色花”纹样打破了传统丝绸图案中程式化的中轴对称模式，采用绘画式的均衡构图，单枝姿态优美，枝梗之间无需对称或相连，彼此又保持间断与空地，枝干纤细，花头硕大，叶片变化万千，在取舍的过程中删繁就简，追求画面的精练，有一种空灵之美，表现了一种纯化的审美情趣。并运用点、线、面的结合方式，将其简化为平面形象，富于变化，显得生动活泼。这种以小见大，于细小处见妙境的构图方式，充分利用构图上的空白，在朴素大方的空间中营造意境，像一首优美的诗歌、一段悦耳的音乐，默默流淌着那一份高雅、平淡、宁静、深远之美。如明朝李开先在《中麓画品》序中云：“物无巨细，各具妙理，是皆出乎玄化之自然，而非由矫揉造作焉者。”也正如清代画家恽格所谓：“画以简贵为尚。简之入微，则洗尽尘滓，独存孤迥。”《道德经》第四十五章：“大成若缺，其用不弊。大盈若冲，其用不穷。”说的也是这个道理。虽然一枝一花是微不足道的局部，但专心致志地去对待的话，比画一片花海来得更深刻，更妙趣横生。“生色花”的创作手法丰富了植物性装饰纹样的风貌，其形式也有了自身的美感诉求，如图3-70~图3-72所示。

“生色花”的形式美感不仅仅只是对花草自然形态的描绘，而是在其艺术形态的基础上进行了装饰化的处理，使其形态更加符合丝绸制作的工艺要求，更加合乎人们的审美理想，

图3-70 折枝梅花织金绢，金代，黑龙江阿城巨源乡齐国王墓出土

图3-71 刺绣莲花，明代，私人收藏

图3-72 折枝花二色缎，明代，北京故宫博物院藏

是对现实形态的凝练、提取和转换，在写实中也透出装饰纹样特有的韵味和魅力。

（二）意蕴美

“生色花”作为南宋时期的流行纹样是当时人们审美趣味和世俗生活的真实反映，亦是宋代政治、经济、文化在工艺美术领域的思想反映，是深受宋代重文尚雅的士大夫生活品位及格调高雅的花鸟画兴起的影响。其独特的艺术魅力不仅在于纹样本身的形式美感，更重要的是其背后所蕴含的文化内涵及强烈的象征意义，如图3-73~图3-75所示。

丝绸纹样上的“生色花”主要以牡丹、芍药、芙蓉、栀子、海棠、茶花、梅花等为题材，通过对花草的直接描绘，抒发作者的思想感情，寄托人们对美好生活和高尚情操的向往。运用时一般以一种或几种为主，有时甚至数十种花卉同时出现（图3-76），名曰“一年景”，各色花卉也在运用中被寄予了托物言志的意向美。如图3-77所示的黄地折枝牡丹纹彩库锦，其中写实性的牡丹以缠枝排列，有富贵之意。这些雅俗共赏的题材，适应了社会各阶层的审美需要，传达了“生色花”的多姿生命力，间接反映了世俗化的社会生活，具有很强的抒情性特点，如图3-78、图3-79所示。

“生色花”还体现了人作为审美主体与自然物之间的审美关系，通过对花草的真实描绘传达人与自然的联系，以及心境与物境的连续，这也是中国古代美学所强调的人与自然和谐统一的“天人合一”思想的体现。“生色花”原型皆为自然之物，拿来为人所用，表达人类的情感，是人与自然融合的“一花一叶一世界”的理想境界，于情景中体会造物的真谛，在回归自然的超越中物我相忘，给人以极大的美感享受。正如道家所讲：“天地与我并生，万物与我

图3-73　蓝色地织白色瓜果纹双层锦，明代，北京故宫博物院藏

图3-74　折枝花万字纹妆花缎，明代，北京故宫博物院藏

图3-75　折枝菊花织金缎，明代，清华大学美术学院藏

图3-76　折枝花卉漳缎衣料，清代，北京故宫博物院藏

图3-77　黄地折枝牡丹纹彩库锦，清代，北京故宫博物院藏

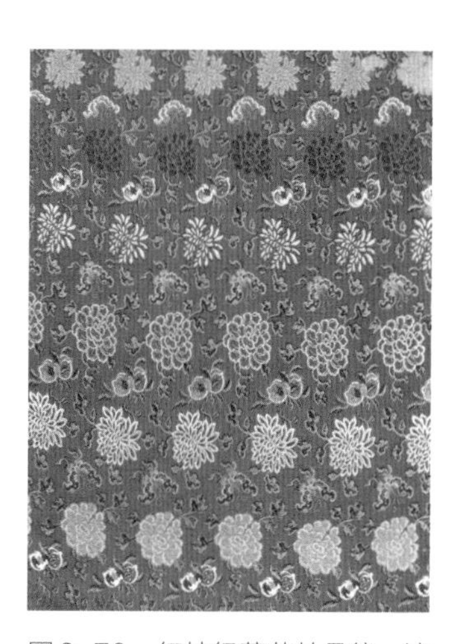
图3-78　红地织莲花牡丹纹，清代，北京故宫博物院藏

为一。”“生色花”正是把自然之美融入生活之中，给人以审美享受，这种天人合一的理想境界也是中国传统文化的价值追求。

“生色花”以其丰富的题材、灵活优雅的构成形式与自然生动的写实特色，准确反映了宋代审美意境下的典型丝绸纹样样式，取代了自唐以来盛极一时的宝相花纹、对鸟纹和对兽纹的主导位置，形成了宋代清新自然、典雅秀丽的时代风貌。“生色花”是我国丝绸纹样史上的里程碑，对

图3-79　绿色织彩桃妆花绸，清代，北京故宫博物院藏

花卉装饰纹样的发展起到了不可磨灭的促进作用。这种写实性手法的应用促进了丝绸纹样从装饰到写实的转变，使花卉造型更加完善，为明清时期纹样的繁盛发展奠定了基础，它还丰富了花卉装饰纹样的寓意并促成吉祥纹样的出现和流行。即使在当今生活中，无论是在服装面料、家纺面料，还是装饰面料上，随处都能见到秀丽典雅的“生色花”的艺术形式，那清新可人、自然写实的花卉形式仍散发着永久的芬芳，如图3-80~图3-83所示。

图3-80　绛色缂丝金银水仙花镶领袖边女夹马褂，清代，北京故宫博物院藏

图3-81　草绿色绸绣牡丹团寿夹马褂，清代，北京故宫博物院藏

图3-82　明黄色绸绣绣球花锦马褂，清代，北京故宫博物院藏

图3-83　漳绒一枝独秀，清代，中国国家博物馆藏

第七节　缠枝纹

缠枝纹，我国传统的植物装饰纹样之一，又名“万寿藤”“穿枝纹”“串枝纹”“蔓藤纹”，因其结构连绵不断，故有“生生不息”之意。缠枝纹以花头、枝蔓、叶片或果实组成，基本构成是将植物的枝蔓以涡线形组合形式、S形构图形式、冋形组合形式进行扭转缠绕。其中花朵或果实为表现主题，枝蔓呈螺旋状绕其一周，叶片则为骨格陪衬，整体形势优美生动，委婉多姿，富有无限延伸的动感。

一、缠枝纹的产生与发展

（一）缠枝纹的萌芽期

缠枝纹的兴盛发展主要在明清时期，但作为缠枝纹典型特征的“波状曲线”“涡旋线”“S线”等框架结构早在新石器时期的彩陶纹样以及后来的青铜器纹饰上就已经大量存在，如云雷纹、勾连雷纹、涡纹、环带纹与窃曲纹等，但不能片面地将其理解为我国缠枝纹的起源。田自秉先生在《中国工艺美术史》中曾指出我国汉代铜镜边饰的卷云纹应是我国卷草纹的前身。卷云纹的变化丰富多样，具有强烈的流动感，增强了起伏飘动的形式感，在大的趋势上形成波曲状和S形的连续纹样，表现出流动、韵律的美，与缠枝纹二方连续结构极其相似。

图3-84　卷草石刻，北魏

缠枝纹的起源与佛教艺术的传入有着密切的关系。花卉植物纹样随着佛教的传入而在佛教装饰艺术中大量应用，如莲花、忍冬、葡萄、石榴等一些大众所喜爱的植物纹样被广泛应用于工艺美术各个领域。如图3-84所示的北魏时期卷草石刻图案，此时的部分卷草纹虽然已基本能够分出花、叶、茎，并初步具备了细长且连贯的“枝条”，但是作为主花的花头以及花头与枝干相缠绕的特征并未明确显现出来。

图3-85　敦煌莫高窟藻井图案（临摹图），唐代

（二）缠枝纹的形成期

隋唐时期，花卉植物纹样发展成为主要的装饰题材，人们喜爱的牡丹、莲花、萱草、菊花等花卉植物经常出现在装饰领域，其翻转仰合、动静背向的生动姿态被描绘得栩栩如生，以花卉为题材的缠枝纹样更是发展成为唐代主要装饰纹样之一。

图3-86　白花卷草边饰，唐代，来自敦煌莫高窟

唐代是中西文化大融合的时期，大量的外来题材和构成形式被加以改造利用，演变成具有东方韵味的中国样式。此时的缠枝纹样即是在南北朝外来纹样的基础上，结合传统的波线和卷云纹形式与外来装饰题材和手法的进一步融合，形成了具有独特时代风格的缠枝纹样。如图3-85所示的莫高窟藻井图案，在中心莲花纹的周围饰以缠枝的莲花纹，干脆利落，多了几分飘逸和直率。唐代白花卷草边饰（图3-86）和唐代褐地葡萄叶纹印花绢（图3-87）中的缠枝纹均以二方连续的形式出现，也是唐代缠枝纹的典型风格，表现了唐代缠枝纹富丽婉妙、装饰变化丰富、结构严整且具格律感的形式特点。唐代缠枝纹样还会以适合纹样的

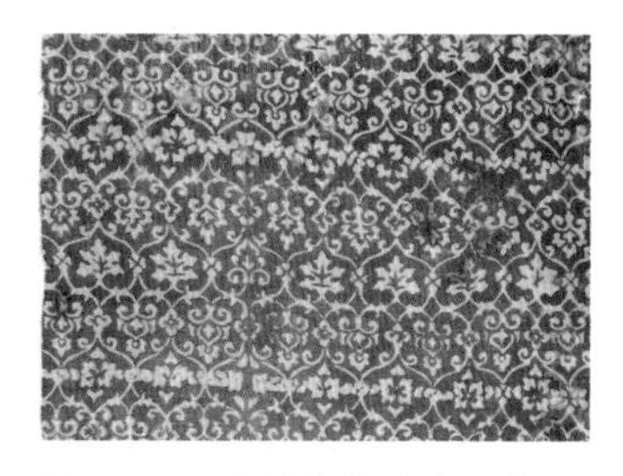
图3-87　褐地葡萄叶纹印花绢，唐代，新疆维吾尔自治区博物馆藏

图3-88　穿枝花鸟纹刺绣，唐代，敦煌莫高窟出土

图3-89　红地葡萄纹锦，唐代，日本正仓院藏

图3-90　一年景花卉纹霞帔局部，南宋，福州黄昇墓出土

形式出现，并且和其他类别的纹样相组合使用，如唐代穿枝花鸟纹刺绣（图3-88）、红地葡萄纹锦（图3-89）都带有一番清新自然的写实之风。

（三）缠枝纹的发展期

经过成型期对外来文化的吸收并与中国传统文化的融合，缠枝纹正式进入持续的发展期和多样化时期。自隋唐以后，缠枝纹样的风格和样式都因各朝代的文化、政治、经济的不同而表现出鲜明的时代特征，并逐步完成了缠枝纹的中国化历程。

宋元时期的缠枝纹融合了唐代卷草的波状连续和折枝花的形式，缠枝的波状结构逐渐细化，气势上已经有所不及，纹样以突出大朵花头为主，形式典丽端庄，不及唐代缠枝纹样的丰满而富有张力的气势。在表现形式上受宋代工笔花鸟画的影响，纹样更趋工整、纤巧、细腻，风格淡雅、质朴，具有宋代文人画的理性色彩，这一风格的缠枝纹形式也一直影响到明清及近代，成为近代最流行的装饰纹样之一。如图3-90所示的南宋一年景花卉纹霞帔局部，图3-91所示的元代穿枝牡丹莲纹锦。

明清是缠枝纹的兴盛发展时期，其总体风格呈现出结构饱满、造型严谨、花型生动、线条纤巧、色彩明静的特点。纹样从题材到形式更趋于样式化、程式化、图案化，既注重纹样的形式美，也注重纹样的内涵美，如明代缠枝莲花纹妆花缎（图3-92、图3-93）、明代缠枝莲宝仙花纹锦（图3-94）。

二、缠枝纹的结构特征

缠枝纹以其独特的骨格特征构成了其最本质的属性，而且骨格在缠枝纹中主要表现为“茎”的运用。在所有的缠枝纹中，可以是茎、花结合，也可以是茎、叶、花或者是茎、叶、花与其他题材相结合，但无论怎样的结合方式，贯穿整个画面的骨格线是必不可少的。

缠枝纹的骨架主要以S形波状结构为主，并在这种结构内结合涡线形、冏形组合形式，作无限延伸的平稳状态。S形构图形式是用一条S线将圆形一分为二，使同一种弧线反

图3-91 穿枝牡丹莲纹锦，元代，河北隆化鸽子洞窑藏

图3-92 缠枝莲花纹妆花缎，明代，北京故宫博物院藏

图3-93 缠枝莲花纹妆花缎，明代，北京故宫博物院藏

图3-94 缠枝莲宝仙花纹锦，明代，清华大学美术学院藏

向相接，形成两个富有动感变化的图形，如太极图般阴阳相生，循环流转。太极图反映了大自然的规律，是秩序变化的完美象征，也堪称形式法则的标准图解……在弧线多样化的组合形式中，S形构图选取了同种弧线反向相切的构成形式，使来自两个方向的力量相对相生、互生共存，构成一幅象征世间万物永生不息的经典图谱。

S形骨格形式具有可延展、可伸缩且可以随意搭配组合的特点，为缠枝纹装饰铺设了良好的形式基础。S形构图法则不仅体现在边饰中的缠枝纹构图形式之中，在其他各类适

图3-95 黑色缠枝牡丹花纹绞纱，北宋，湖南省博物馆藏

合形装饰空间中，同样是缠枝纹构图不可或缺的形式支撑。如宋代的缠枝牡丹花纹（图3-95），虽然起伏回转的枝茎在花朵和叶片的掩映下忽隐忽现，但仍然能够看出其整体走向呈现S形。植物茎叶以固有的弧形自然形态，加上与此相适应的花朵，从而形成了花繁叶盛、枝转叶舞的画面形式。

缠枝纹除了自然延展的S形结构外，还有对称式的缠枝样式，此种缠枝纹花头一般做正面显示，枝干左右对称缠绕，结构形式平稳庄重，是明代织锦的重要代表样式，在以后历代也有沿用。如图3-96所示的穿枝牡丹菊花兰花纹芙蓉妆花缎。

三、缠枝纹的形式美法则

（一）变化与统一

“变化与统一是一切形式法则的总的原理，也是一切形式组合的普遍规律。”缠枝纹对于题材的运用是其多样化的明显表现。如明代的穿枝四季花卉纹（图3-97）就是一个很好的例子，四个季节的花卉在同一个画面中表现。四季花卉的题材虽然不同，但纹样最终还是会被缠枝纹统一的波状结构和各题材所具有的相同或相近的寓意结合在一起，表达了一年四季吉祥平安的寓意。缠枝纹这种意义的统一，即运用主花所含有的约定俗成的吉祥含义与图案本身所表现出来的吉祥寓意相统一。图3-98用蝙蝠和牡丹寓意富贵多福，

图3-96 穿枝牡丹菊花兰花纹芙蓉妆花缎，清中期，私人收藏

图3-97 穿枝四季花卉纹，明代，北京故宫博物院藏

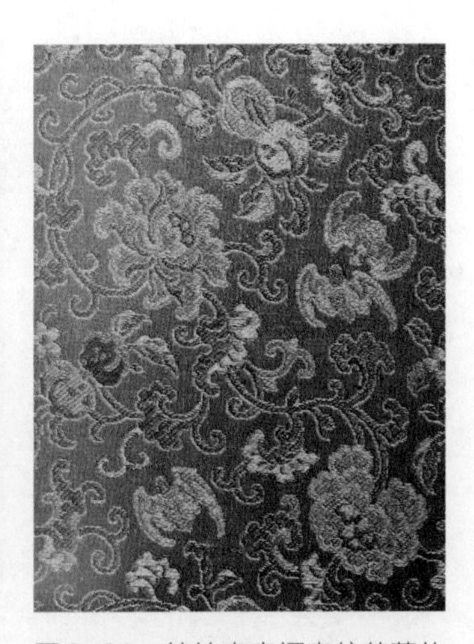

图3-98 缠枝富贵福寿纹芙蓉妆花缎，清乾隆，北京故宫博物院藏

图3-99又在四季花卉的基础上增添了多福多寿多子的寓意。缠枝纹的统一性还表现在装饰形式与器物造型或与被装饰物结构上的统一，即外观与内在的统一，使装饰品成为一个统一的整体。

（二）对比与调和

对比与调和法则是多样统一的具体化。在缠枝纹的发展过程中随着吉祥纹样的逐步发展与频繁使用，缠枝纹也在此过程中不断被影响，并形成了缠枝纹与吉祥几何图案相结合而出现的以几何纹为地纹、缠枝纹为浮纹的装饰图案形式，这种图案形式形成了几何纹与具象花卉纹的对比，但是这种对比又被统一在同一幅图案中，而且这幅图案又具有相同的地纹和变化不是很大的浮纹。如图3-100所示的明代白地织绿色万字缠枝莲花缎，纹样以“卍”字纹为底纹、以缠枝莲花为浮纹。这种构成形式是缠枝纹容易形成调和状态的一种因素。

（三）节奏与韵律

节奏与韵律是构成整体的诸要素按一定的条理、秩序重复连续地排列，形成一种律动的形式，是形式美的一种，有节奏的变化才有韵律之美。缠枝纹样中单位纹样的波状连续重复就是来表现这种节奏感的。缠枝纹特有的重复骨格结构决定着其基本形排列的位置，重复是缠枝纹样中最基本的构成手法，它以基本形的规律化反复，加强图案的力度，给人深刻印象，并造成极强的安定感、秩序感与韵律感，获得高度统一的协调性与整体感，从而达到视觉上的美感。因为“无论在古代纹样或现代设计中，波线总是体现着优美的连续效果，其中的一个重要原因，是波线在滑动中的渐变形状，形成了节奏性延续”。如图3-101所示的明代缠枝牡丹纹缎、图3-102所示的明代缠枝牡丹纹闪缎、图3-103所示的明代黄地青缠枝莲纹缎、图3-104所示的清代茶绿地金牡丹绒心妆花缎、图3-105所示的明代缠枝莲花织金妆花缎。

图3-99　锦群地织金缠枝四季三多纹锦，清代，北京故宫博物院藏

图3-100　白地织绿色万字缠枝莲花缎，明代，北京故宫博物院藏

图3-101　缠枝牡丹纹缎，明代，北京故宫博物院藏

图3-102　缠枝牡丹纹闪缎，明代，北京故宫博物院藏

图3-103　黄地青缠枝莲纹缎，明代，北京故宫博物院藏

图3-104　茶绿地金牡丹绒心妆花缎，清代，北京故宫博物院藏

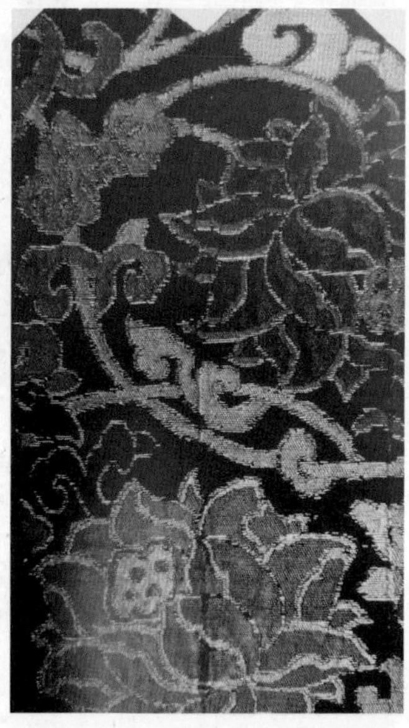

图3-105　缠枝莲花织金妆花缎，明代，清华大学美术学院藏

图3-106　绿缎绣勾莲蝠纹被面，清代，北京故宫博物院藏

缠枝纹的这种以“圆”为单位向上下左右连续排列的布局形式形成了其连绵不断的装饰性纹样，它没有始终，而有一种向上下或左右同时延展的开放式节律，这种不断重复的接圆式或近似接圆式结构是一种非常有节奏感和韵律感的布局形式。如图3-106所示的清代绿缎绣勾莲蝠纹被面、图3-107所示的明代绿地织五彩桃花妆花缎、图3-108所示的清代缠枝花上加花纹锦、图3-109所示的清代淡蓝色缎地五彩牡丹纹漳缎。明清时期缠枝纹在市民意识高涨和皇家气派的喧嚣声中，其韵律犹如夕阳唱晚的余韵，铿锵有致。

缠枝纹是具有典型装饰特征和时代特色的中国传统装饰纹样，其不断变化发展的过程体现了中国传统装饰纹样极具生命力和包容性的突出特点。缠枝纹丰富多样的装饰题材赋予了它多样化的组成形式和丰富的寓意表现，花朵、叶片、果实以及其他吉祥符号的穿插共生得益于藤蔓植物所独具的自然伸展特性，也得益于传统构图法则的极强适应性。

缠枝纹样的生生不息以人类情感追求为表现基础，蕴含了人们真切的生活理想和吉祥愿望。其装饰手法对审美形式法则的运用也达到了炉火纯青的高度，手工艺人对于形式美的掌握绝不亚于当今的艺术创造，鲜明的装饰特征和广泛的使用性反映出缠枝纹在我国传统装饰纹样中所处的位置和重要性是不容置疑的。

图3-107　绿地织五彩桃花妆花缎，明代，北京故宫博物院藏

图3-108　缠枝花上加花纹锦，清代，北京故宫博物院藏

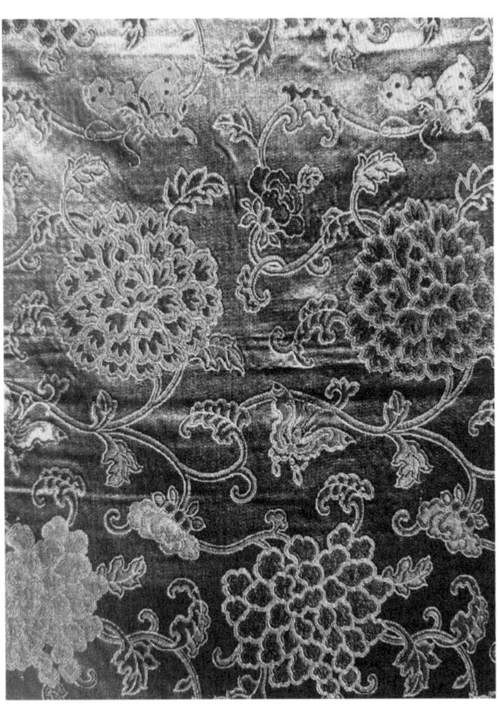

图3-109　蝴蝶富贵穿枝纹芙蓉妆，清代，清华大学美术学院藏

思考与练习

1. 思考中国传统植物纹样与传统书画的关系。
2. 思考中国传统植物纹样从装饰到写实性变化的原因。
3. 分析缠枝纹样的几种结构形式，总结其变化发展的规律及对当今设计的启发。
4. 总结传统的牡丹、菊花、莲花等纹样的表现形式，并结合不同时代特点分析。

人物纹样

课题名称： 人物纹样

课题内容： 1．童子纹样

2．宗教人物纹样

3．戏曲故事人物纹样

课题时数： 2课时

教学目的： 人物纹样是我国装饰纹样领域的特殊一类，较多地出现在刺绣、缂丝、织锦等纺织品上，具有独特的文化内涵和美学特征。通过讲授让学生了解人物纹样出现的历史，以及与社会生产方式、佛教的传入及戏曲艺术的关系，感受纹样所蕴含的大众精神信仰、民情风俗、审美追求等内涵。

教学方法： 讲授与讨论

教学要求： 1．让学生了解人物纹样在纺织品上应用的历史及表现方式。

2．使学生掌握各类人物纹样的文化内涵。

课前准备： 学生搜集日常生活中所能听到的一些神话故事、人物故事以及宗教人物故事，并思考故事的内涵。

第四章　人物纹样

在我国传统纹样装饰领域，人物纹样也时常出现在各种载体之上，它有着其他纹样所无法取代的艺术魅力及独特的文化内涵，是人们的一种自我认识及表现，反映出我们民族趋吉避凶、祈福纳祥的美好愿望。人物纹样内涵丰富，其特有的纹样题材、造型、应用、语意等可以折射出大众的精神信仰、民情风俗、审美追求等，也充满着浓厚的民俗情趣。

人物纹样在纺织品上的运用由来已久，它有着独特的文化内涵和美学特征。早在春秋战国时期的丝织品上就开始出现了人物形象，但此时的人物纹样主要在青铜器上大量使用，造型抽象概括，多为歌舞、生活场景等，反映了那个时期现实社会的生活面貌。魏晋南北朝以后，佛教艺术的传入以及西方外来文化的影响，在纺织品上开始出现佛教人物形象以及高鼻卷发的胡人形象。直到宋元时期，民间戏曲艺术的发展以及吉祥纹样的兴起，使得人物纹样在纺织品上再次大放异彩，到明清时期最盛，此时的人物纹样更多地被赋予了一定的吉祥内涵和教化寓意，如童子纹样、寿星纹样、八仙纹样、耕樵渔读等。

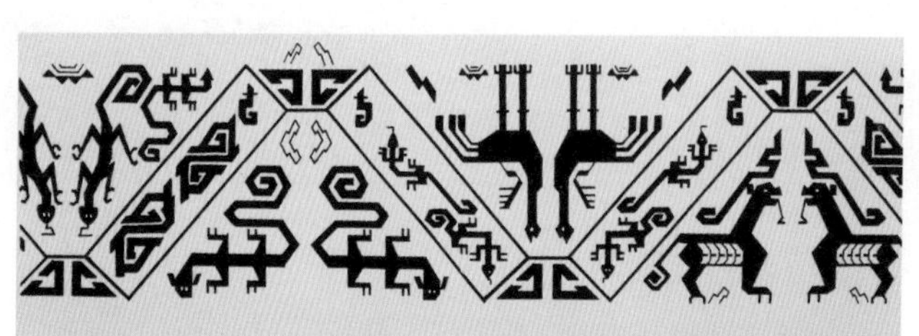

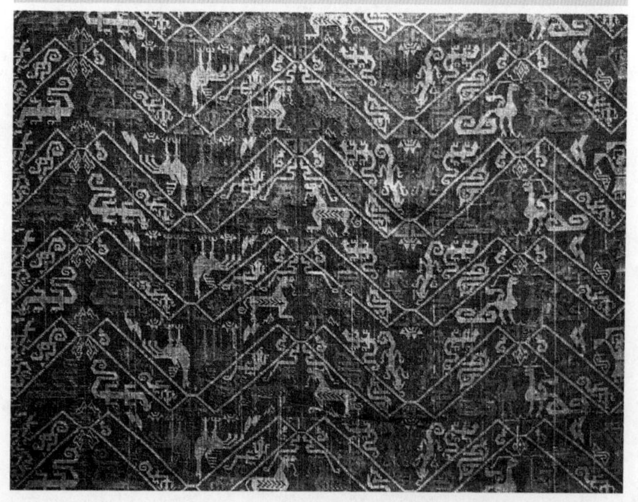

图4-1　舞人动物纹锦，战国，湖北江陵马山一号楚墓出土

一、人物纹样的丰富题材

（一）场景人物

场景人物主要是表现现实生活中的人物活动，主要有渔猎、采桑、歌舞等生产、生活场景，常搭配一定的环境元素，如狩猎中常有马、野兔、狮子等动物。这些生活劳动场景的描绘是人们对于平静恬淡生活向往的写照。场景人物在陶器、画像砖、瓷器等工艺品上应用较多，在纺织品上的应用最早可以追溯到春秋战国时期，如图4-1所示的湖北江陵马山出土的舞人动物纹锦，整幅纹样的完整花纹由拱形条纹隔成纬向排列的上下七组不同的小

图案，在拱形宽条中填饰龙纹、几何纹和对称的舞人动物纹形象，周围空隙加饰各类几何纹，纹样对称工整，富有一定的韵律。

（二）宗教人物

宗教人物纹样在我国丝织品纹样中出现较晚，主要有道教、佛教两种。宗教是百姓生活中不可或缺的社会活动，是人们的精神寄托，宗教人物多是经过造物者更多人为的想象和幻想塑造出来的。在纺织品上的呈现多以刺绣、织锦等表现方式为主，一般为供奉之物，表达了织造者的虔诚信仰，带有强烈的神秘色彩。

图4-2 《缂丝八仙图轴》，明代，北京故宫博物院藏

道教是我国土生土长的宗教，最早发源于春秋战国的方仙道，主要宗旨是追求长生不死、得道成仙、济世救人，道教神仙人物众多，在纺织品上常能见到的主要有“西王母、八仙、福禄寿三星”等。如图4-2所示的《缂丝八仙图轴》，作品主要表现八仙祝寿的内容，通过缂丝缂织出八仙人物，人物面目清晰、神情平和、服饰飘逸，周围搭配鹤、鹿、流云、山石、修竹等衬景元素，为画面增添了动感和高雅脱俗的仙境氛围。

佛教在秦汉时期传入我国，在魏晋南北朝时期真正兴起，随佛教艺术的不断兴盛发展，与佛教相关的纺织品也不断出现，其题材、内容大都与佛经故事有关，人物主要有释迦牟尼佛、如来佛、药师佛、观音、飞天及罗汉等人物形象，表达了信徒虔诚的信仰（图4-3）。

（三）戏曲人物

图4-3 缂丝罗汉，明代，北京故宫博物院藏

戏曲题材是人物纹样中的一大类，起始于宋代，在明清时期应用最多。随着戏曲艺术的发展和人们世俗生活的不断丰富，观戏、听戏变成人们社会生活中最主要的精神活动，人们从戏曲中认识历史和辨别忠奸、善恶，也学习做人做事的道理。戏曲人物纹样或写实或夸张地反映剧目情景，有时直接将角色的神情动态、服装色彩借鉴过来应用；有时结合观戏时作者的感受及个人的表现能力，将千古民俗之说的含意与个人审美杂糅在一起，以全新的、随性的艺术手法创作。因此创作出的戏曲人物纹样总是与剧目在形式、色彩上存在着和而不同的变化，但其中所传递

图4-4 缂丝三国人物（“张飞喝断当阳桥”），清代，私人收藏

图4-5 绿色印花狩猎纹纱，唐代，新疆吐鲁番阿斯塔那出土

的“真、善、美”却不曾改变，并一代代保留在民间。常见的题材有“三国演义”“水浒传”“白蛇传”“西厢记”“西游记”“三娘教子”“鹿乳奉亲”等（图4-4）。

戏曲故事是民间文化丰富的想象力与创造力的结晶。它通过纹样表现出来的不仅是一出热闹的戏曲场景，而是为了表达规范、约束生活的教化作用与隐喻意义，是社会规范和道德约束的传承，是中华民族的民族美德，是留给子孙后代的宝贵精神财富。

二、人物纹样的文化内涵

人物纹样产生的原因大致与纪事、宗教信仰、民俗有关。封建社会，普通老百姓对文字只能说不能读写，他们只能通过对物体形的模仿，记录下自己要表达的信息，因此催生出了各种姿态各异的人物纹样，形成了早期人物纹样纪事性的表现形式。伴随人类社会不断走向成熟，艺术、文化、宗教、世俗生活得到全面发展，人物纹样的审美与文化属性也逐渐远远超越功能属性，成为民俗活动的一种符号与代码。

（一）表现生活场景的现实观

人物纹样中有一部分是描绘老百姓日常生活劳动的场景，如骑马狩猎（图4-5）、驾车出征、歌舞宴乐、耕樵渔读等。这类人物纹样在一定的气氛环境中不是孤立或重复出现，而是与周围的环境联系在一起，人物处在情境之中，表情、姿态优雅生动，并带有叙事性。此类纹样在劳动场景的描绘上都比较简单，往往只出现关键人物和关键元素，它反映的是当时社会生活背景下的劳动生产模式和人们的生活状态，是百姓内心对于平静安稳生活向往的一种自我表达。

（二）希冀求子得福的吉祥观

“图必有意，意必吉祥”是我国传统装饰纹样的一大特点，在这些祈福纳祥的美好寓意中，生存与繁衍是人们最高的理想与追求。在人物装饰纹样中，以幼童形象出现的多是用以表达多子多福、子孙繁衍的主题，此类人物纹样不胜枚举，有时还结合动植物纹样同时出现。如“莲生贵子”“葫芦生子”“百子图（图4-6）”“五子夺魁”等。

图4-6　红地百子图蜀锦被面，清代，北京故宫博物院藏

（三）寓教于“戏”的教化观

中国传统封建社会的秩序维护更多是依靠社会成员公认的道德与礼仪约束。这些道德和礼仪的养成一方面来自于学堂教育，另一方面则来自于家庭中父母的言传身教。在教育非常落后的封建社会，能够读书的人微乎其微，普通老百姓读不懂文人墨客的鸿篇巨制，只能从“戏文”中获得一些做人、做事的常识或道理。老百姓看了“戏文”之后，往往会在茶余饭后向儿女们讲述“戏文”里清官为民、忠臣爱国的故事，宣扬“惩恶扬善、抱打不平”的英雄好汉，以“善有善报、恶有恶报”的因果哲学教化子孙，如图4-7所示的戏曲人物刺绣团花，讲述的是杨贵妃醉酒百花亭的故事。当讲到动情之处、动情之时，人们自然也会唱起来，我们的传统美德和戏曲文化就这样一代又一代地传承下来。

图4-7　戏曲人物刺绣团花，晚清，清华大学美术学院藏

在过去漫长的历史时期，“戏文”不仅是社会文化的主体，更是家庭文化的主角。中华民族的传统美德大多也是通过“戏文”发扬光大的。

第一节　童子纹样

童子纹样，即是以儿童形象为主要题材的装饰纹样。“童子”旧时一般指十四岁以下的男性，《仪礼·丧服》：“童子唯当室缌。”郑玄注：“童子，未冠之称。”古代也指未成年的仆役、童身、神秘学里的称谓等。儿童形象生动活泼、稚拙可爱，童子纹样更是将儿童的天性发挥得淋漓尽致，表现了成人对纯真婴孩天性的赞赏与喜爱，所以在民间有深厚的群众基础。

中国很早就有绘画婴孩的传统。如山东两城山出土的汉代“母子图”画像石；三国时，孙吴朱然墓出土的彩绘童子对棍图漆盘；魏晋嘉峪关壁画砖墓中表现儿童射鸟、放牧、桑护、打果场景的画像砖等。到了隋唐时期，出现了最早的婴戏纹样。如晚唐长沙窑的一件青釉褐彩婴戏持莲纹执壶（图4-8），其上绘有童子一手持莲花、一手握飘带的形象，寓意“莲生贵子”，童子形象体态固健丰满，构成形式极为简单。到了宋代以后，文人画及百戏艺术的发展也使得童子题材得到了极大的丰富，以表现童子嬉闹为主的婴戏题材发展迅速，内容多有钓鱼、骑竹马、放鞭炮、放风筝、抽陀螺、攀树折花等。尤其在瓷器作品上，婴戏纹样开创了装饰纹样的另一天地。

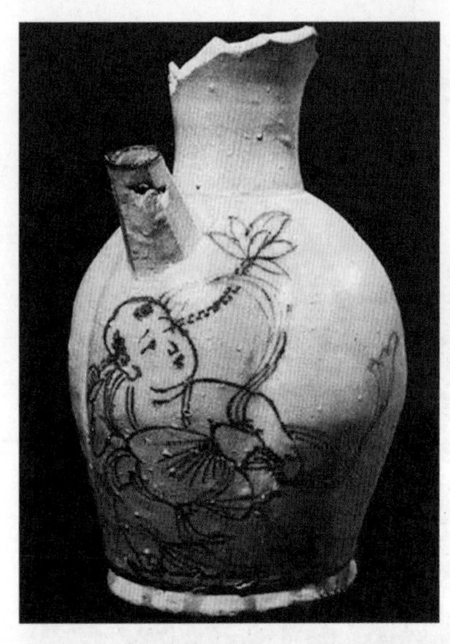

图4-8　青釉褐彩婴戏持莲纹执壶，唐代，湖南省博物馆藏

童子形象在纺织品上的出现最早可以追溯到辽代，如辽代的手绘石榴婴戏纹夹缬（图4-9）、童子戏花卉纹刺绣枕顶（图4-10），纹样构图以石榴枝为骨架，相错相生，间饰小花卉纹，嬉耍的童子居于石榴中央，四肢舞动，石榴与童子纹样的结合也映射了“多子多福”

图4-9　手绘石榴婴戏纹夹缬，辽代，美国大都会博物馆藏

图4-10　童子戏花卉纹刺绣枕顶，辽代，北京故宫博物院藏

的民俗情趣。从宋代开始，受婴戏图案发展的影响，童子纹样在纺织品上的应用更是屡见不鲜，画面更加丰富多彩，孩童的人数也逐渐增多，尤以百子图最为典型，而且都有吉祥美好的寓意。明清时期，童子纹样已是人们喜闻乐见的传统纹样之一。

一、童子纹样的民俗文化内涵

童子纹样的使用都带有祈福纳祥的目的，所以纹样中时常会搭配一些寓意美好的花草植物、祥禽瑞兽以及儿童嬉学玩耍的一些道具等。如童子与牡丹、荔枝搭配象征富贵立子、童子与石榴搭配象征多子多孙、童子与麒麟搭配寓意麒麟送子等。童子的形象有时也出现在神仙人物题材的装饰纹样中，象征着至纯至净的神祇身份。童子纹样是人们内心渴望的直接呼喊，是人们对多子多孙、子孙昌盛美好生活的向往。

（一）期盼子嗣繁衍、人丁兴旺

童子纹样如此深受人民喜爱与我国传统的农业文化和民间习俗有着密不可分的关系。一方面，中华文明是建立在农业文明基础之上。传统的封建农业主要依靠人力生产，人力是当时社会的第一生产力，所以劳动力的多少直接决定了生产规模和生产效益。男丁作为封建社会的主要劳动力其重要作用显而易见，因此古人们多崇尚多子多福、人丁兴旺，希冀通过人口的数量来带动生产，以过上幸福的生活。人丁的兴旺主要依靠人口的出生率以及儿童的成活率，但在封建社会的生活条件、医疗条件下，新生儿童的夭折率较高，人们为了祈求子嗣兴旺、小孩子能健康长大成人，便借助于童子的形象来表达他们的期盼和寄托，以寻求在残酷生存状态下内心的安慰。另一方面，中国传统文化强调家族意识，注重族脉传承，儒家学说更是强调“不孝有三，无后为大”。“无后”即是指没有男嗣，没有男嗣就无法延续家族香火，这在封建社会被视为极其不孝之事，可见男性在生活中起到种族繁衍兴盛的决定性作用。而这种重男轻女的思想在当今社会仍然存在，深深地影响着一代又一代的中国人。

祈求子嗣是童子纹样的根本诉求，在组合上主要有三种方式：一是与一些象征多子的花草元素组合，如莲生贵子肚兜、童子攀枝织金妆花缎等；二是与麒麟、神仙人物组合，如麒麟送子蜀绣、麟子送福妆花缎等；三是百子图，“百”为虚指，喻数目之多。百子图也称为百子戏春图、百子迎福图，主要是通过众多的童子形象把祝福、恭贺的良好愿望发挥到一种极致的状态。在构成方式上多为散点式的自由分布，童子三五成群、戏学玩闹，形态各不相同，周围还会有亭台楼阁、假山池塘等。寓意多福多寿、多子多孙，子孙昌盛，万代延续，如明代孝靖皇后洒线绣金龙百子戏夹衣（图4-11）、明代百子图刺绣短袄（图4-12）、清代木红底百子纹锦夹被（图4-13）、清代百子图蜀锦被面（图4-14）等。

（二）表现望子成龙、子孙昌盛

望子成龙是千百年来劳动人民的最大诉求。男丁作为延续香火和社会生产的主要劳动力虽受到重视，但作为社会最底层的劳动人民来说，他们不希望自己的子孙继续这种生活

图4-11　明代孝靖皇后洒线绣金龙百子戏夹衣，明代，北京定陵出土

图4-12　百子图刺绣短袄，明代，北京定陵出土

方式，他们也想望子成龙、望女成凤，让自己的后代能加官晋爵、光耀门楣，以此摆脱受奴役压榨的状态。但在封建社会的大环境下，能出人头地者毕竟是少数，大部分还是继续着传承不变的生活方式，所以他们把这种渴望直接反映在日常所用的装饰纹样之上，并一代代传承。童子攀花纹样即有这种富贵立子之意，如图4-15所示的宋代牡丹童子荔枝纹绫，图案将牡丹、荔枝和童子组合在一起，以牡丹象征富贵、荔枝谐音立子、童子手攀藤蔓表示攀藤而上，整

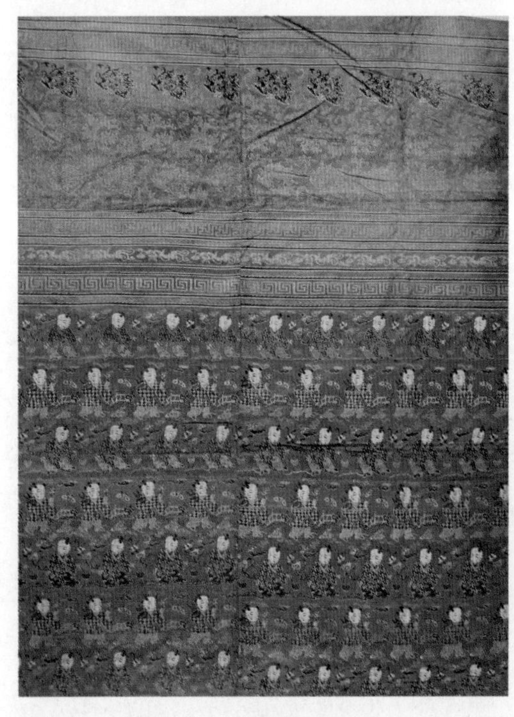

图4-13　木红底百子纹锦夹被，清代，北京艺术博物馆藏

图4-14　百子图蜀锦被面，清代，清华大学美术学院藏

幅图案构成了“富贵立子攀腾”的吉祥含义。

在刺绣、缂丝作品上还经常有五子夺魁（图4-16）、耕樵渔读等童子纹样，表示了人们希望子孙能通过读书步入仕途，以荣耀门第、光宗耀祖。如五子夺魁纹样是以五个童子来争夺头盔组成，盔谐音魁，指五个子孙都能高中状元。

（三）寓意神祇纯洁、吉祥美好

童子作为美好形象的代表，在装饰纹样中还时常与神仙人物、祥禽瑞兽等一同出现，多为书童侍子或做乘云玩耍之状。在佛教文化中，童子形象多与莲花纹样相结合出现，莲花在佛教中象征着清静、纯洁、吉祥，童子纹样与其结合特指轮回进入净土的灵魂从莲花中得到重生，其中包含的是佛教重生、轮回的理念。如在佛教壁画《净土变相》的莲花池中，画师常把婴儿画在透明的莲花苞中，意为“化生”。我国民间亦有很多刺绣形象把童子置于莲花之上，既有化生之意，又因莲通连，而取义连生贵子。而在道家文化中，童子是未受尘浊玷污的至纯至净之身，最适合修行道法，所以童子也是侍奉神仙的绝佳选择。在这样的文化渗透下，童子形象深受人们推崇，也常常与神仙人物一起出现借以体现神祇的纯洁身份，如瑶池集庆、三星图（图4-17）、童子献寿、天官祝寿、仙人游乐雅集等场景题材。其中童子与瑞兽相配时多是骑坐于瑞兽之上，如麒麟送子纹样，这是借用瑞兽本身被赋予的吉祥含义以表达对童子的期望。

在童子形象中还有一种衣着华丽、形象优美，多与羊搭配出现的太子形象。按照中国传统吉祥纹样的构成方式，以太子的“太”谐音“泰”，“泰”为《周易》之卦名，卦象为乾下坤上，乾卦为三个阳爻，坤卦为三个阴爻，三阳生于下暗指阴阳薄动，冬去春来，所以泰卦代表正月，常用以称颂岁首或寓意吉祥，含勃勃生机之意。“羊”

图4-15 牡丹童子荔枝纹绫，宋代，湖南省博物馆藏

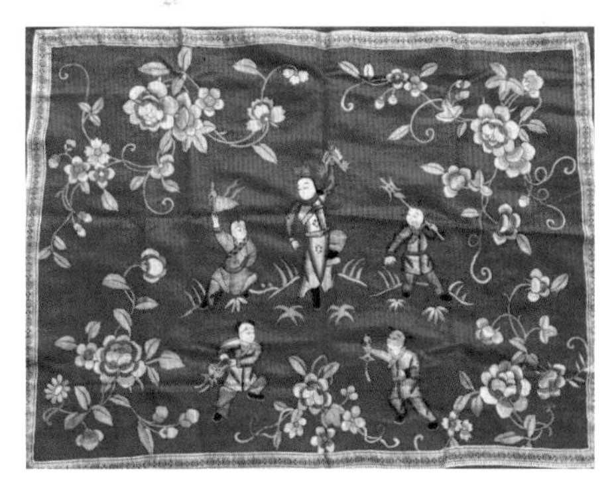

图4-16 刺绣五子夺魁桌围局部，清代，私人收藏

图4-17 福禄寿三星人物纹刺绣，清代，私人收藏

图4-18　太子骑羊纹织锦，明代，北京故宫博物院藏

图4-19　太子骑羊纹织锦，明代，北京故宫博物院藏

即为阳，又有吉祥之意，《说文解字》："羊，祥也。"一般用三只羊来代表三阳，"三阳"指一天中太阳的三个阶段，即早阳、正阳、晚阳，象征阳之足。如明代太子骑羊锦（图4-18、图4-19），太子身着冬衣、带皮帽骑在羊背上，呈回头赏玩之姿；太子肩上扛一枝梅花，其上还挂有一个鸟笼，代表春天；在太子周围又填饰有牡丹及杂宝纹样，有冬去春来、富贵吉祥之意。图4-20所示的缂丝九阳消寒图则以三个太子的形象寓意三泰，一个太子骑羊扛折枝梅花，另外两个太子一个牵羊、一个扛梅花，似在交谈赏景。作品中以"九羊"寓意"九阳"以消九寒。我国人民自古以来就以"数九"来形容严冬的寒冷，"九九"去则春天来，春风送暖，寒意全消，所以有"九九消寒"之谚。《帝京景物略》载，"日冬至，画素梅一枝，为瓣八十有一，日染一瓣，瓣尽而九九出，则春深矣，曰'九九消寒图'。"即旧历冬至后计日之图。梅花亦是迎春第一花，凌寒吐蕊，深受文人喜爱。梅花在纹样中使用时一般代表着春天或是坚韧的品格。

童子纹样是人物纹样与动植物纹样结合应用的典范，是纹样发展的一大进步。它不仅反映了人们内心的渴望和理想，更暗含了"天人合一"、人与自然和谐统一的儒学精神，是人与自然和谐共存的现实描绘。童子以其独一无二的亲和感和一种充满童趣的天真，与普通的动植物纹样组合在一起，你中有我，我中有你，形式灵活生动，充满生机。

二、童子纹样在纺织品上的应用

（一）在服饰品上的应用

童子纹样在服饰上的应用，主要出现在新婚女性上身所着衣物和肚兜、围涎、云肩以及儿童衣物上，成年男性衣物上则很少见到。这与女性的生育功能有着不可分的关系，映射了古人对儿孙满堂、多子多福的期盼。在女性衣物上时，其主要出现在作为外套的女夹衣以及贴身所着肚兜之上。女夹衣多采用织成或

图4-20 缂丝九阳消寒图，宋代，北京故宫博物院藏

刺绣的百子图纹样，人物形态各异，多呈散点式排列。宋代辛弃疾在《稼轩词·鹧鸪天·祝良显家牡丹一本百朵》中写到“恰如翠幕高堂上，来看红衫百子图”。《红楼梦》第五十一回中也记载有“凤姐儿看袭人……身上穿着桃红百子缂丝银鼠袄子”，可见百子图纹样在女性上衣已是常见。如明定陵出土的“孝靖皇后洒线绣蹙金龙百子戏女夹衣”，通身用红色丝线绣出满地菱形纹，前襟上部绣二龙戏珠，后襟绣一坐龙。夹衣遍身绣100个嬉戏的儿童，如加冠、对弈、摔跤、观鱼、掷鼓、荡秋千、沐浴、扑蝶、杂耍、击球、捉迷藏等，并用花卉点缀其间。在肚兜上的童子纹样一般为独幅的形式，取材则为麒麟送子、莲生贵子等。此外在女性上衣的袖边上也会绣有童子纹样，在补服图案上也有发现童子形象。

在儿童衣物上的应用主要以表现儿童的天真烂漫、活泼好动为主。明清时期，民间的蜀绣围涎中发现有童子纹样，孩童为一男一女，分为两块围涎，形象丰满圆润，笑态可掬，中间镂空出领口，以适穿戴。在其他饰品方面，还有以妇人抱童子为纹样的锦囊和表现孩童嬉戏的香袋；在衣料方面，有西夏的方胜婴戏牡丹印花绢（图4-21）、辽代的夹撷手绘石榴婴戏、清代的翠蓝地童子攀枝织金妆花缎（图4-22）等。

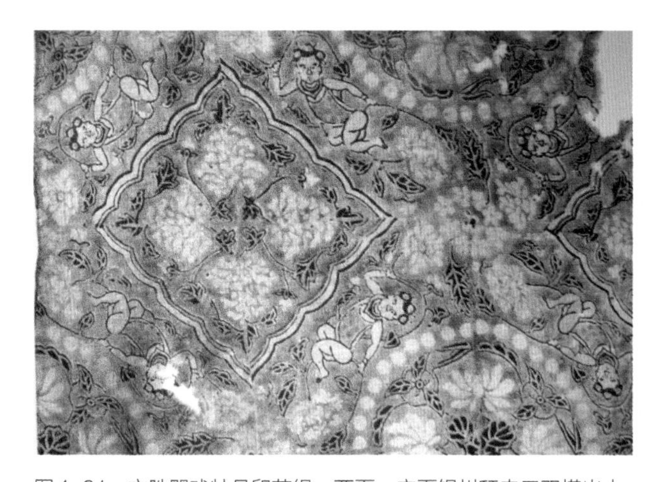

图4-21 方胜婴戏牡丹印花绢，西夏，宁夏银川拜寺口双塔出土

图4-22 翠蓝地童子攀枝织金妆花缎，清代，南京云锦博物馆复制

（二）在家居纺织品上的应用

童子纹样在家居饰品上的应用相对服饰来说更为广泛丰富，主要有帐幔料、夹被、被面、门帘、桌椅凳套等，一般都是新婚家居装饰用品。这些织绣的家居用品一般都以缎纹做底，上面或织或绣形态各异的孩童，并与花卉、器物、神仙人物、亭台楼阁场景等元素搭配在一起，层次感极佳，尤其以百子图居多。百子图的锦缎被面、被褥，自古以来就是结婚之时新娘的随嫁之物，用来蕴涵喜庆和祝福，同时祝愿新娘早得贵子、子孙满堂、阖家和美。唐代陆畅《云安公主下降奉诏作催妆诗》："云安公主贵，出嫁五侯家。天母亲调粉，日兄怜赐花。催铺百子帐，待障七香车。借问妆成未，东方欲晓霞。"康熙《苏州府志》中有"女出阁，有踏甑跨鞍之仪，上百子花髻"的记载。此外，在亲友送的贺礼中也常会有百子锦缎被面。

图4-23　侍女婴戏图四条屏之一，清代，私人收藏

可见百子图纹样在民间应用的范围之广及人们的喜爱程度之高。在民间的蓝印花布、刺绣、夹缬等传统纺织品上，童子纹样也是经常利用的题材。

桌凳椅套上的童子纹样多为适合设计，纹样或方或圆，以适合于所用的家具形制。

（三）在装饰纺织品上的应用

童子纹样在装饰领域应用的载体主要有挂屏、镜心、镜帘、图轴等，工艺一般有刺绣、缂丝、手绘，题材也基本以童子的戏学、玩闹及百子图为主，再配以庭院树石小景，生活气息浓厚。在织绣的册页或条屏等装饰纺织品上，童子纹样寓情于景，故事性极强，画面效果清雅脱俗，少了些世俗气，多了几分文人气质，如清代侍女婴戏图四条屏（图4-23）、明代顾绣大师韩希孟绣的罗汉诵经册页等。在镜心、镜帘、门帘等日常生活常用到的装饰品上，童子纹样更加世俗且祈愿幸福美好的吉祥寓意更为简洁直白，寄托着人们对生活的美好希望，如五子夺魁、麒麟送子、莲生贵子、连中三元等广泛流传的吉祥图案。

童子纹样的盛行是人之常情的体现、是现实生活和时代的映刻。人之常情是一种很渺小的内心情感，就像人最性感的一面，孩童是人生的起步，幼小天真且纯洁率真，往往能得到成人的关心与爱护。就像是本能发自内心深处的人性的怜悯，童子纹样正是符合了这种感性心理的人性需求而被大众所喜闻乐见，它能引起人与人之间的共鸣之情。它所表现的内容基本全是取材于生活中的婴戏现实场景，除了想象臆造的神仙场景之外可以说它深深扎入了生活，与世俗生活有无法脱离的依存关系。再者，生活总是不尽完美，现实的生活状况无法改变，尤其在古代不发达的社会生产力条件下，大众又有多少幸福的时光？而在童子纹样中，我们又何曾有看到不幸的故事？这是难能可贵的，它是主观处理下的艺术产物，这是古人思想上的一种自我解脱，让思想与愿望齐飞。艺术的发展离不开背后的社会土壤，童子纹样也是深刻反映了当时社会背景下人们的观念意识、审美意识。在现存的纺织品童子纹样中我们可以窥见每个时代的印记，从童子的身形样貌到衣着发髻无不镌刻着那个时代的标签。

第二节　宗教人物纹样

一、宗教人物纹样的概念

宗教人物纹样是我国民间信仰的物化产品，以佛教和道教人物居多，佛教人物一般有释迦牟尼佛、如来佛、菩萨等形象，道教人物则有八仙、王母、福禄寿三星等。

宗教人物纹样在我国丝织品纹样中出现较晚，在汉代的云气纹当中时有“羽人”形象出现，这与秦汉时期盛行的羽化成仙的道教思想有着密切关系。“羽人”顾名思义就是身长羽毛或披羽毛外衣能飞翔的人，在《山海经·大荒南经》中讲道：“有羽民之国，其民皆生毛羽。”西晋张华《博物志》卷二说：“羽民国，民有翼，飞不远，多鸾鸟，民食其卵。”羽人因身有羽翼能飞，因此象征着成仙不死，道教将道士称羽士、将成仙称羽化登升。佛教人物纹样的真正兴起是在魏晋南北朝时期，随佛教艺术的传入而不断兴旺起来，这时期的题材、内容许多都与佛经故事有关，在丝织品中出现了大量的佛像、飞天等人物形象，表达了人们虔诚信仰的力量。

二、宗教人物纹样的表现形式

宗教人物纹样一般表现的多是佛像和神仙造像，多为信徒家里或寺庙的供奉之用，所以在织造技术上总是极尽所能，如刺绣、织锦、缂丝等工艺，作品制作精美，人物形象庄严肃穆，表现出了信徒的无限虔诚之心。

（一）佛教人物纹样

佛教自西汉末传入中国后，至魏晋南北朝期间大盛。魏晋南北朝时，社会时局动荡、政治混乱、民不聊生，普通百姓以及文人士大夫等在现实生活中找不到出路，精神无所寄托，于是寄心于宗教，以寻求心灵的慰藉。佛教正是因它秉持的出世思想以及因果轮回、行善布施的教义适合了当时的社会需求而不断兴盛。此外，魏晋南北朝社会上层人物的信仰和支持也使得佛教在百姓间广泛流传，不受摧抑。

丝织品上的佛教人物形象多以佛像为主，如净土变相图、释迦说法图、阿弥陀佛图等。魏晋南北朝时期，佛像下方还常有供养人形象，如图4-24所示的北魏供养人像刺绣，这件佛像供养人绣品为北魏广阳王元嘉供奉的刺绣佛像残片，其上有“广阳王慧安（元嘉）造”等字样，虽损坏较为严重，但仍可见一佛、一菩萨、五位供养人以及各式纹饰，图案复杂，色彩鲜艳，以辫绣针法绣出，针针相接，十分紧密，堪称中国古代刺绣工艺之珍品。其中五位供养人，右方第一人为比丘尼，其左方的四人右起依次为元嘉的母亲、妻子和两个女儿，她们均身着窄袖对襟长衫胡服，戴高冠，衣着华丽。隋唐时期，宗教人物织物更为精美，人物形象非常生动。再如图4-25～图4-27所示的释迦牟尼说法图刺绣，画面的中心为身着红袈裟、端坐于宝树或宝盖下的狮子座上的释迦牟尼佛，佛的周围聚有菩萨、十大弟子以及俗众，在云上有奏乐的天人与骑乘飞鸟的神仙。这应该是表现释迦牟尼在古印度摩伽陀国的耆阇崛山（即灵鹫山）上说《法华经》的场景。作品以锁绣、相良绣技法完成，人物形象精致细腻，富有立体感。到宋元之际，佛教走向繁荣，代表当时织造技术之最的缂丝技术成为定做佛像首选的上等工艺。缂丝是一种通经断纬的丝织物，其利用小梭可以随意断线换梭赋色，所

图4-24　供养人像刺绣，北魏，敦煌莫高窟出土

图4-25　释迦牟尼说法图刺绣，唐代，日本奈良国立博物馆藏

图4-26　释迦牟尼说法图刺绣局部，唐代，日本奈良国立博物馆藏

缂织的作品线条流畅、赋色自然、正反如一，被誉为“织中之圣”。

（二）道教人物纹样

道教是我国土生土长的宗教，产生于东汉末年。它在创立的过程中吸取了原始的鬼神崇拜、道家学说、谶纬之学，更主要的是吸收了先秦以来流行的神仙思想，所以道教又被称为神仙道教。追求得道成仙、长生不死是历代中国人从帝王到黎民百姓的执着追求，在这种荒诞无稽的现象背后是中国人对生命的关切及对人生的眷恋。虽然事实上没有一个人能长生不死，但中国人的心理总是执着地追求着。道教所宣扬的神仙思想和所追求的长生不老，使信奉者间接认识到神仙世界之上“道”的存在与威权，从而产生与超自然的力量神遇的幻觉而皈依道教，以祈求生命永恒。

图4-27　释迦牟尼说法图刺绣，唐代，大英博物馆藏

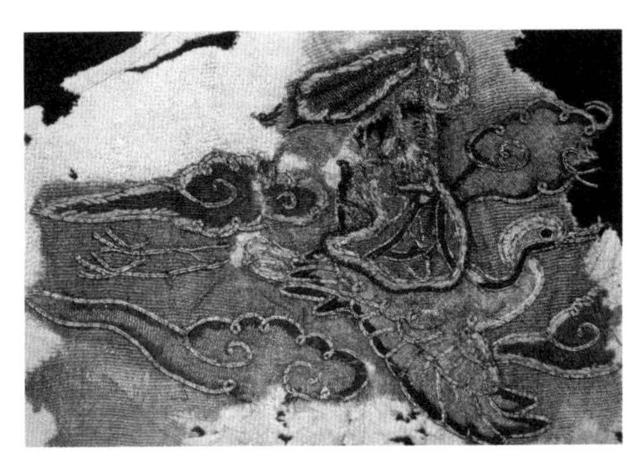

图4-28　仙人跨鹤刺绣，辽代，北京大学塞克勒考古与艺术博物馆藏

道教人物纹样在壁画、铜镜、瓷器艺术上应用居多，在纺织品上的应用大概始于宋元时期，明清时期达到最盛。如图4-28所示的辽代仙人跨鹤刺绣，作品以补绣技法绣成，先将罗织物剪成纹样，以彩线固定于底料上，再钉以绣金线或银线勾勒其轮廓。仙人跨鹤于云间遨游，仙鹤姿态生动，反映了道教思想在辽代的流行。据历史资料来看，道教神祇偶像众多，如三清、元始、太上、西王母、紫微北极大帝、东华帝君、南北斗星君、七暇、五星、二十八宿、六丁六甲神、十二神符五岳真官等。但在纺织品上常用到的神仙人物主要有仙人、西王母、八仙、南极仙翁、福禄寿三星等，神仙人物的出现常常与凤凰、仙鹤、鹿等动物结合，并搭配有仙山琼阁等题材以描绘神仙世界，如神仙图与宴瑶池。以图4-29所示的清代缂丝群仙祝寿图为例，其中神仙人物以王母娘娘、八仙和福禄寿三星为主，描绘的是在蟠桃成熟的三月三，王母娘娘大摆寿宴，邀请群仙赴蟠桃盛会为她祝寿，王母乘凤游于云间，下有群仙献桃献酒，周围河流、树木、小草精致自然，俨如仙境。再以图4-30所示的明代缂丝瑶池吉庆图轴为例，描绘的是西王母瑶池庆寿的胜景。图中有九位仙女捧持各种寿礼前来祝贺，周围又有凤凰、鹤、鹿以及各种祥瑞树木花草点缀于各处。而

图4-29　缂丝群仙祝寿图，清代，私人收藏

图4-30　缂丝瑶池吉庆图轴，明代，北京故宫博物院藏

图4-31所示的宋代缂丝八仙图轴描述的是八仙向南极仙翁祝寿的情形，八仙表情温和、昂首恭拜，周围以山石、灵芝仙草点缀。图轴中各种缂丝技法运用变化巧妙，缂工娴熟，线条流畅，且以少量缂金使画面增加了富丽华美之气。

道教人物纹样在纺织品上应用时，其宗教宣传意味已淡化，主要反映了古人对长寿的执着追求，其人物形象也演化成象征长寿的文化符号，而且已积淀为一种传统的文化心态，深入民心。

三、宗教人物纹样的文化内涵

王国荣先生曾讲到“神是人的创造物。如果

图4-31　缂丝八仙祝寿图，宋代，辽宁省博物馆藏

说，宗教家赋予神祇以灵魂，那么，画家们的劳动则给予这种灵魂赖以附着的‘肉体’”。宗教人物最初的职能在于宣传宗教思想，是宗教的“广告画”，无论是佛教还是道教人物，都始终没有放弃其“广告”的职能，即在创造“美”的过程中，努力通过审美招徕信徒，通过审美激发和增强信奉者的宗教情感与宗教观念，使信奉者产生与超自然的力量神遇的幻觉而皈依宗教。宗教人物纹样在纺织品上的表现通常是利用刺绣、缂丝、织锦等具有极高审美价值的织造工艺，一方面是信仰者对宗教神祇的虔诚崇拜，表达了其供奉的敬畏之情；另一方面仍是一种审美创作，其作品同样具有艺术水平，散发艺术魅力。

宗教信仰在我国有着深厚的群众基础，尤其是在广大农村地区，宗教信仰已与人们的社会生活和当地民俗融合成一种综合性的信仰传统。宗教信仰不仅仅是意识形态的事，还关系到文化系统。在历史传承的过程中宗教信仰往往负载着一个民族或一个群体的伦理道德和价值追求，不仅能够为个人生活提供精神食粮，而且能够为社会提供价值导向和行为规范。例如对神灵的崇拜、祭祀、祈祷，目的是为了趋吉避凶、化苦为乐、消灾祈福的现世利益。然而，从价值观或生态环境来考察却蕴含着深层次的意义，特别是对敬畏自然、保护山林河流湖海、反对乱砍滥伐、反对破坏生态环境、实现人与自然的和谐方面具有重大意义。

四、常用的宗教人物

（一）释迦牟尼佛

释迦牟尼是佛教的创始者，全名乔达摩·悉达多，古印度迦毗罗卫国国王净饭王的儿子（图4-32）。释迦牟尼是佛教徒对他的尊称，他是释迦族人，意即释迦族的圣人。相传他29岁时因痛感人世生老病死的痛苦，又不满当时的神权统治，丢弃了王室生活，出家修行。经过六年的苦修，悟到世间无常和缘起诸理，在菩提树下“成佛”。后开始传教40余年，80岁时在河边树下入灭。其弟子将其教法整理为经、律、论，称为“三藏”。佛教徒称释迦牟尼为佛，是“佛陀”的简称，本义为“觉”。晋代袁宏《后汉纪·明帝纪上》：“佛者，汉言觉，将悟群生也。”作为艺术形式的佛像，有平面的佛画，也有立体的雕塑。佛的形象是双目垂视众生，面带微笑；胸有字，表示吉祥所集；右手指掌前伸，表示免除痛苦；左手指掌平置膝上，表示给予快乐；两足交叉置于左右股上，结跏趺坐。

图4-32　织锦释迦牟尼佛像，元代，纽约大都会博物馆藏

（二）观音

观音即观世音，在我国民间多有信奉，魏晋南

图4-33 彩织重锦《西方极乐世界》局部，清代，北京故宫博物院藏

图4-34 线绣观音菩萨，元代，辽宁省博物馆藏

北朝时期多采用为纹样题材（图4-33、图4-34）。观音是大慈大悲、救苦救难的神佛，本与大势至菩萨共为阿弥陀佛的胁侍。《铸鼎余闻》："昔金光狮子游戏如来国，彼国中无有女人。王名威德，于园中入三昧，左右二莲花生二子，左名宝意，即是观世音，右名宝尚，即是得大势。"所以，观世音总是坐在莲花上。观世音和大势是一对兄弟，由于他有大誓愿普度众生，所以佛就给他赐了封号。《悲华经》："善男子！汝观天人及三恶道一切众生，生大悲心，欲断众生诸苦恼故，欲断众生诸烦恼故，欲令众生住安乐故。善男子！今当字汝，为观世音。"观世音原为男性，后演变成女性，有种种说法：一说宋人引佛经记述的唐代有美貌女子携篮卖鱼，人们争相求娶，女子要人们诵讲佛经，有一马氏子能在三日内诵《法华经》，于是应允与娶，须臾即死。此女即为观世音化身。一说在六朝时，信佛的妇女甚多，以至地位高的皇室后妃等也信佛，在闺阁中供一个男佛似有不妥，于是改成了女性的观世音。亦有谓观世音是春秋时期楚庄王的女儿，她不惜生命为其父治病，楚庄王出于疼爱，封她为大悲佛，等等。观世音的名字原为三个字，由于唐代皇帝李世民也有一个"世"字，为了避讳，以后就省去了"世"字，只称观音。观音可以显出多种身份说法，以普度众生，称为"三十三身"或"三十三观音"。民间常见的有白衣观音、水月观音、合掌观音、持莲观音、洒水观音、千手千眼观音等。

（三）罗汉

罗汉是阿罗汉的简称，梵语"Arhat"（图4-35、图4-36）。含有杀贼、无生、应供等意。"杀贼"是杀尽烦恼之贼，"无生"是解脱生死不受后有，"应供"是应受天上人间的供养。指断尽三界见思之惑，证得尽智，而堪受世间大供养之圣者。据《成唯识论》卷三载："阿罗汉通摄三乘之无学果位，故为佛之异名，亦即如来十号之一。"另据《俱舍论》卷

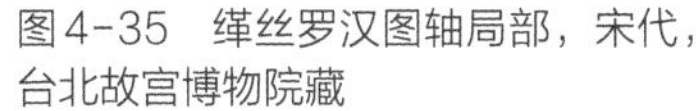

图4-35　缂丝罗汉图轴局部，宋代，台北故宫博物院藏

图4-36　顾绣罗汉图，明代，北京故宫博物院藏

二十四举出，“阿罗汉乃声闻四果（四沙门果）之一，为上座部佛教之极果”。

罗汉者皆身心六根清净，无明烦恼已断（杀贼）。已了脱生死，证入涅槃（无生）。堪受诸人天尊敬供养（应供）。于寿命未尽前，仍住世间梵行少欲，戒德清净，随缘教化度众。

在中国大乘佛教寺院中常有十六罗汉、十八罗汉和五百罗汉。唐代《法住记》载：“谓伟大的佛陀临涅槃时，嘱付十六大阿罗汉，自延寿量，常住世间，游化说法，作众生福田，故佛寺丛林里常雕塑罗汉像，供养者众。”十八罗汉乃世人于十六罗汉外另加降龙、伏虎二罗汉。而五百罗汉，通常是指佛陀在世时常随教化的大比丘众五百阿罗汉，或佛陀涅槃后，结集佛教经典的五百阿罗汉。

（四）伏羲女娲

伏羲女娲是我国古代神话中的两个人物（图4-37）。伏羲一名伏戏、包牺、宓羲、皇羲、

图4-37　麻布伏羲女娲图，唐代，新疆维吾尔自治区博物馆藏

牺皇，通称伏羲氏。相传他发明了八卦，并教民结网以从事渔猎。女娲，据说她炼五色石补天，用黄土造人，通称女娲氏。从各类传说来看，人类就是由伏羲和女娲这对兄妹相婚而产生的，故他们的形象常为人首蛇身，作交尾状，并始终出现在一个画面中。在西南少数民族地区，也广泛留传兄妹成婚发展人类的神话故事。关于伏羲氏的最早文献见于《易经》："古者庖牺氏之王天下也，仰则观象于天，俯则观法于地。……于是始作八卦……结绳而为网罟，以佃以渔"。女娲始见于《楚辞》《山海经》等文献，汉代刘安等著的《淮南子》中也写到她"炼五色石以补苍天"，宋代《太平御览》写到她是"引绳于絚泥中，举以为人"。到了汉代，伏羲女娲才被明确为对偶，并大量用作装饰纹样。伏羲女娲通常还表现为伏羲举日、日中有鸟，女娲举月、月中有蟾和兔，以象日月之神；或伏羲拿规、女娲持矩，表示"规天为图，矩地取法"，深含天地、日月、阴阳等哲学意蕴。伏羲女娲的图像纹样在汉代的画像石中得到大量表现，如山东济宁武氏祠与沂南、河南南阳、陕西绥德、四川彭州、江苏徐州等地的画像石。

图4-38 西王母乘舆图刺绣，清代，私人收藏

（五）西王母

西王母是我国古代民间广为流传的神话人物，又名瑶池金母、西池金母、王母娘娘、西姥等（图4-38~图4-40）。因为她是长生不老的象征，所以常被采用为装饰纹样，在铜镜、画像石、漆器、陶瓷、彩绘等方面大量应用。西王母的神话传说，是在不断改变和发展的。最早记载西王母的古代文献是《山海经》："玉山，是西王母所居也。西王母其状如人，豹尾虎齿而善啸，蓬发戴胜，是司天之疠及五残。"玉山是昆仑山，因产玉而

图4-39 西王母骑凤图刺绣，清代，私人收藏

图4-40 西王母骑凤图缂丝，清代，私人收藏

名。这时的西王母，是一个可怕的怪物，掌管灾疠和五刑残杀。在《穆天子传》中，西王母与周穆王宴会，则是一个雍容能歌的妇人。在《汉武内传》里，西王母却成了年轻貌美的女子。以后，《神异记》又为她制造了一个配偶——东王父，或称东王公，大约由周穆王西游拜会西王母的传说引申而来。

传说西王母居住在玉山仙境瑶池，她坐在龙虎座上，身边有三足乌为她寻找珍珠美食，有九尾狐供她使唤，有玉兔为她捣不老药。她是群仙之长，有群仙为她祝寿，有群鸟为她散花歌唱。西王母和东王父两者在纹样的处理关系上，并不像伏羲女娲那样交尾，多是各自分开对坐，像河南南阳画像石表现的西王母与东王父坐在一起是少见的；或如山东武氏祠画像石那样，描写西王母与东王父出行的热烈场面。西王母的神话故事，不仅符合古代人们对长生不老的心理要求，而且也间接反映了不同地区、不同民族之间的文化交流和相融。

图4-41　福禄寿刺绣，清代，私人收藏

（六）福禄寿三星

福禄寿三星属于道教神仙，起源于中国人对自然星辰的崇拜（图4-41）。古人按照自己的理解和感受，赋予福星、禄星、寿星非凡的神性和独特的人格魅力，在民间有着深厚的影响力，在寻常巷陌中多能看到，福禄寿三神仙也是中国民间世俗生活理想的真实写照。常见的表现形式为福星手拿一个“福”字，禄星捧着金元宝，寿星托着寿桃、拄着拐杖。另外还有一种象征表现手法，用蝙蝠、梅花鹿、寿桃的谐音来表达福、禄、寿的含义。

福星（图4-42）指木星，古称木星为岁星，所在有福，故又称福星。《天官·星占》中讲：“木星照耀的国度，赐福于君王，保佑他政权稳定。”唐代李商隐的《无愁果有愁曲北齐歌》写有：“东有青龙西白虎，中含福星包世度。”

图4-42　福星纹刺绣，清代，私人收藏

古人认为岁星（木星，不是太岁）照临，能降福于民，于是有了福星的称呼。另有传说，唐代道州出侏儒，历年选送朝廷为玩物。唐德宗时道州刺史阳城上任后，即废此例，并拒绝皇帝征选侏儒的要求，州人感其恩德，逐祀为福神。宋代民间也普遍奉祀。到元明时，阳城又被传说为汉武帝时人杨成。以后更多异说，或尊天官为福神，或尊怀抱婴儿的“送子张仙”为福神。

禄神原是星神（图4-43），称“文昌”“文曲星”“禄星”。在北斗星之上有六颗星，合起来称为文昌官。其中的第六颗星即是人们崇拜的禄星。《论语》载：“人有命有禄，命者富贵贫贱也，禄者盛衰兴废也。”《史记·天官书》说：“曰文昌宫：一曰是将，二曰次将，三曰贵相，四曰司命，五曰司中，六曰司禄。”司禄，即职司功名利禄的禄星。因为禄有发财的意思，所以民间往往借了财神赵公明的形象来描绘他：头戴铁冠，黑脸长须，手执铁鞭，骑着一只老虎。在道教的三星群像中，他却是一位白面文官。

寿星也是一个星宿（图4-44），又叫老人星、南极老人，十二星次之一，是天空中亮度仅次于天狼星的恒星，也是南极最亮的星。寿星在夜空中能持续不断地发光，应了人寿长久的意愿，因此备受人们的欢迎。李隐曰：“寿星，盖南极老人星也。见则天下理安，故祠之以祈福也。”古人认为老人星主管君主和国家寿命的长短，也可给人增寿，成了长寿的象征。寿星鹤发童颜，精神饱满，老而不衰，前额突出，慈祥可爱。早在东汉时候，民间就有祭祀寿星的活动，并且与敬老仪式结合在一起。祭拜时，要向七十岁上下的老人赠送拐杖。

（七）八仙

道教的八位仙人，是人们所熟悉的神仙群体，其故事在民间广泛流传（图4-45）。即铁拐李(李铁拐)、汉钟离(钟离权)、张果老、何仙姑、蓝采和、吕洞宾、韩湘子、曹国舅八人。民间常用的八仙故事题材有“八仙过海”，即八个仙人各有法术，过海不用船只，各显神通。铁拐李用葫芦，张果老用渔鼓，汉钟离用芭蕉扇，韩湘子用洞箫，何仙姑用荷花，蓝

图4-43 禄星纹刺绣，清代，私人收藏

图4-44 寿星纹刺绣，清代，私人收藏

图4-45 八仙庆寿纹缂丝，清代，北京故宫博物院藏

采和用花篮，吕洞宾用宝剑，曹国舅用笏板；他们投水而渡，与龙王闹出一场大战，表现了八仙的本领。还有“八仙祝寿”，是八仙去往瑶池给西王母祝寿，常用作祝寿题材。

图4-46 八仙人物铁拐李刺绣，清代，私人收藏

铁拐李（图4-46），又称李铁拐、李凝阳、李洪水、李玄，是中国民间传说及道教中的八仙之首。其故事最早见于元代岳伯川的杂剧《吕洞宾度铁拐李岳》，说他原名岳寿，死后魂附在李屠户身上，这就是“借尸还魂”，亦以李屠夫之李和岳寿之岳合名，为李岳。又见明代《列仙全传》：“铁拐先生，李其姓也。质本魁梧，早得道。”清褚人获《坚瓠秘集》卷二引《仙纵》：“一日，先生将赴老君之约于华山，嘱其徒曰：吾魄在此，倘游魂七日而不返，若甫可化吾魄也。徒以母疾迅归，六日而化之。先生至七日果归，失魄无依，乃附一饿殍之尸而起，故形跛恶，非其质矣。”大众普遍接受的铁拐李的形象为脸色黝黑，头发蓬松，头戴金箍，眼睛圆瞪，瘸腿并拄着一根铁制拐杖。

图4-47 八仙人物张果老刺绣，清代，私人收藏

张果老（图4-47），姓张名果，号通玄先生，八仙之一。据说张果老在唐代确有其人，《旧唐书》《明皇实录》《新唐书》等均有记载，是一个江湖术士，以后衍化为神话人物。《太平广记》：“张果老常乘一白驴，日行数万里。休则重叠之，其厚如纸，置于巾箱中。乘则以水噀之，还成驴矣。”张果老骑着白驴云游四方，敲打渔鼓说唱道情，劝人行道。常以倒骑毛驴的形象出现，曾有诗句形容：“举世多少人，无如这老汉；不是倒骑驴，万事回头看。”张果老敲打着渔鼓简板云游四方，在中国民间传唱道情，劝化世人。于是，人们也将张果老说成唱道情的祖师爷。所谓道情，源于唐代的道曲，以道教故事为题材，宣扬出世思想。

汉钟离（图4-48），又称钟离权，是元代道教全真道的祖师，名权，字云房，一字寂道，号正阳子，又号和谷子，列为北五祖之一。《列仙全传》：“钟离权，燕台人。”诞生真人之时，异光数丈，状若烈火，侍卫皆惊。真人顶圆额广，耳厚眉长，目深鼻耸，口方颊大，唇脸如丹，乳远臂长。据说他“自幼知识轻重”，心里像是有杆秤，所以起名为“权”。

图4-48　八仙人物汉钟离刺绣，清代，私人收藏

图4-49　八仙人物韩湘子刺绣，清代，私人收藏

又因他成仙后，自称“天下都散汉钟离权”，后人遂误冠以“汉”字，称为汉钟离。汉钟离常手持扇子，传说他修道后能飞剑斩虎、点金济众，具有吉祥意义，故在民间流传。

韩湘子（图4-49），八仙中风度翩翩的斯文公子。《列仙全传》：“韩湘子，字清夫，韩文公之犹子也。落魄不羁，遇纯阳先生因从游，登桃树堕死而尸解。”《太平广记》：“唐吏部侍郎韩愈外甥，忘其名姓，幼而落拓，不读书，好饮酒。”两者所记有差异，即系传说，自不必置疑。传说他能令花变色，并能使花上显字，后皆应验。唐代段成式《酉阳杂俎》：“韩愈侍郎有疏从子侄自江淮来，年甚少……曰：‘某有一艺，恨叔不知。’因指阶前牡丹曰：‘叔要此花，青紫黄赤，唯命也。’韩大奇之，遂给所须试之……时冬初也，牡丹本紫，及花发，色白红历绿，每朵有一联诗，字色紫分明，乃是韩出官时诗。一韵曰：‘云横秦岭家何在？雪拥蓝关马不前。’十四字，韩大惊异。”后韩愈遭贬潮州，路过蓝关时，一人冒雪而来，对韩愈说，你还记得当年花上的诗句吗？原来此人即韩湘，而此地正是蓝关。韩愈嗟叹不已，认为是诗的应验。后韩湘子得道成仙。

图4-50　八仙人物何仙姑刺绣，清代，私人收藏

何仙姑（图4-50），八仙中的女仙。据宋代魏泰《东轩笔录》记载：“永州有何氏女，幼遇异人，与桃食之，遂不饥无漏。”此外，安徽、浙江、福建等地也有传说中的本地的“何仙姑”，纷传无定，其仙迹也大同小异。何仙姑常以手持荷花的形象出现，荷花是佛教圣物，常作佛祖的宝座，所以何仙姑又称为荷仙姑。

蓝采和（图4-51），其记载最早见于南唐沈汾《续仙传》：“蓝采和，不知何许人也。常衣破蓝衫，系六銙黑木腰带，阔三寸

图4-51　八仙人物蓝采和刺绣，清代，私人收藏

图4-52　八仙人物吕洞宾刺绣，清代，私人收藏

余，一脚着靴，一脚跣行。夏则衫内加絮，冬则卧于雪中，气出如蒸。每行歌于城市乞索，持大拍板，长三尺余，常醉踏歌，老少皆随看之。机捷谐谑，人问应声答之，笑皆绝倒。”又记：“但将钱与之，以长绳穿，拖地行。或散失亦不回顾，或见贫人即与之，或与酒家”。最有名的是他的那首《踏踏歌》：“踏踏歌，蓝采和，世界能几何？红颤一春树，流年一掷梭。古人混混去不返，今人纷纷来更多。朝骑鸾凤到碧落，暮见桑田生白波。长景明晖在空际，金银宫阙高嵯峨!”从这首歌词来看，蓝采和是一个视名利如云烟的浪漫主义者的典型代表。

吕洞宾（图4-52）。《列仙全传》：“吕岩字洞宾，唐蒲州永乐县人。贞元十四年四月十四日巳时生，因号纯阳子。初母就幕时，异香满室，天空浮云，一白鹤自天而下，飞入帐中不见。”因此传系有鹤入帐而生。在八仙中，他的影响最大，传闻也最多。吕洞宾用修炼内功代替炼丹，用断除烦恼、色欲代替剑术，以慈悲度世为得道成仙的途径，为道教所尊崇，奉为“吕祖”，为全真道北五祖之一。元代封为“纯阳孚佑帝君”，一时吕祖南、吕祖祠遍布全国，而以山西药城永乐宫名声最大。此宫在元代备受重视，全面营建，成为闻名的道教圣地。传说吕洞宾“江淮新蛟”“岳阳弄鹤”“客店醉酒”，是“剑仙”“酒仙”“诗仙”。他模样清秀，戴的头门顶有寸帛折叠，如竹简垂于后，称为“纯阳巾”，是一种有名的头巾式样。他手持宝剑，浪游各地，扶弱济贫，除暴安良，因而与观世音、关帝成为民间信奉的三位吉祥神明。

曹国舅（图4-53）。《列仙全传》：“曹国舅，宋曹太后之弟也。因其弟每不法杀人后罔

图4-53 八仙人物曹国舅刺绣，清代，私人收藏

逃国宪。舅深以为耻，遂隐迹山岩，精思慕道。”他在八仙中出现最晚，传说也少。通常的描述是，他身穿红官袍，头戴纱帽，一副官相；散财济贫，入山修道，列为八仙之一。

第三节 戏曲故事人物纹样

一、戏曲故事人物纹样概述

图4-54 缂丝三国人物，清代，私人收藏

戏曲故事人物纹样是我国传统人物装饰纹样中不可或缺的一部分，是传统装饰中常用的题材，是人们表达生活场景、展现生活乐趣的方式之一。宋代以后，戏曲演出日益繁荣，观戏、听戏是传统社会生活中最主要的精神活动，各种形式的民间文艺活动空前活跃，如说书、唱曲、杂剧、皮影等，人们从戏曲中认识历史与辨别忠奸、善恶，学习做人做事的社会美德，以不断自省。人们为了表示对剧中人物的崇敬，还常常将戏文人物用于瓷器、织绣、壁画等装饰中。人物纹样在纺织品上的应用也促进了织绣技艺的飞速发展，其形象不但要求做到色线分明，而且还要达到神形具备。在大幅挂轴、屏风作品中往往有较大场景，生、旦、净、末、丑一应俱全，有些还可以看出剧目名称，如《三国演义》(图4-54)、《杨家将》《白蛇传》等，此外，与世俗相关的圣贤、美女、童子像以及戏曲人物、神话人物、历史故事人物等装饰纹样也明显增多，如刺绣文姬归汉图(图4-55)和刺绣徽之爱竹图(图4-56)等。

二、戏曲故事人物纹样的表现形式

图4-55 刺绣文姬归汉图，明代，私人收藏

戏曲故事人物纹样起始于宋代，明清时应用最多。明代曹昭撰写的《格古要论》称“刻丝作”曰：“宋时旧织者，白地或青地子，织诗词山水，或故事人物、花木鸟兽，其配色如傅彩，又谓之刻色作。”戏曲人物纹样比较注重故事情节的画面表现，往往一个故事一个画面便是一个典故或一段传奇，即便是小绣品也不例外。戏曲人物纹样在功能

图4-56　刺绣徽之爱竹图，清代，私人收藏

图4-57　绿地仙人祝寿图妆花缎，明代，北京故宫博物院藏

图4-58　顾绣渔樵耕读，明代，辽宁省博物馆藏

上具有突出的纪实性和说教意义；在形式上没有固定的组合与配比方式，常因制作者工艺技法和个人审美的不同而更具随意性；在故事情节与造型语言的表现上，又因不同地区民间信仰与民俗活动的差异而具地域性。如图4-57所示的明代绿地仙人祝寿图妆花缎，此缎是一件帐子帐沿的残片，其上有仙女两人，分别捧珊瑚和寿桃，脚踏祥云行进在海水江崖之上，前面有凤凰引路，边上莲花怒放，海水中点缀珊瑚和如意云纹，莲花枝叶上有蝠磬纹。整幅图有“祝寿”“福庆如意”的吉祥寓意。如图4-58所示的明代顾绣渔樵耕读，渔樵耕读是传统织绣纹样中较为常见的装饰题材，通常以四个或四组人物构成：一为渔夫，头戴斗笠，手执钓竿俯首垂钓；一为樵夫，头戴草帽，腰插柴斧肩挑柴禾；一为农夫，头梳发髻，手执锄头挥汗耕田；一为士子，衣冠齐楚，正襟危坐埋头读书，寓意士农工商和睦相处，百姓安居乐业，多用于民间男女巾帽、衣裙、鞋履或挂佩。而图4-59所示的顾绣山水人物则表现了另一种惬意自得的民间生活。

图4-59 顾绣山水人物，明代，辽宁省博物馆藏

三、戏曲故事人物纹样的民俗内涵

在过去漫长的封建社会，“戏文”不仅是社会文化的主体，更是家庭文化的主角，也是社会道德、礼仪传承的主要载体。在教育非常落后的封建社会，底层老百姓没有读书学习的机会，也就没有了基本的读写能力，所以他们读不懂文人墨客的鸿篇巨制，只能从通俗易懂的“戏文”里获得一些文化信息、历史常识。在日常生活的茶余饭后，他们把这些从“戏文”里学来的忠孝节义和善恶道理，通过故事的形式讲述给子孙，将我们的传统美德融入戏曲文化，就这样一代又一代地传承下去，成为中国封建社会秩序维护的道德与礼仪约束。

一段历史时期的民族文化、社会生活、宗教信仰等因素促成了具有这一时期风貌的织绣人物纹样。反之，织绣人物纹样也可以折射出当时社会的生产状况、民情风俗、审美追求、精神信仰等内容。戏曲人物纹样有其独特的审美意味，纹样的题材、造型、应用、寓意都充满着民俗趣味，而明清时期大量的人物故事纹样的出现，又极大地丰富了中国传统纹样的内涵。

四、常见的戏曲故事人物纹样

（一）嫦娥奔月

“嫦娥奔月”的神话故事在我国已流传了几千年。《文选·王僧达〈祭颜光禄文〉》注引《归藏》：“昔常娥以西王母不死之药服之，遂奔月，为月精。”这大约是最早的相关文献记录。但《归藏》已经失传，转引只能见其大概。以后，《淮南子》《后汉书》等所记略同。如《淮南子》：“羿请不死之药于西王母，羿妻姮娥窃之奔月，托身于月，是为蟾蜍，而为月精。”这里，嫦娥写成了姮娥，因汉文帝名恒，为了避讳，改为姮娥。姮娥原为恒娥，恒即常之意。蟾蜍是一种丑陋的动物，用之与嫦娥联系，似不合宜，故后来蟾蜍又用白兔代替，如晋代傅玄诗：“月中何有？白兔捣药。”和嫦娥奔月故事相关的，除了西王母和嫦娥的丈夫羿外，还有月桂以及砍树的吴刚。《酉阳杂俎·天咫篇》：“旧言月中有桂，有蟾蜍。故异书言，月桂高五百丈，下有一人常斫之，树创随合。人姓吴，名刚，西河人。学仙，有过，谪令伐树。”嫦娥奔月是一个动人的故事，自汉代以来，常用作工艺美术的装饰题材，如汉代的画像石、唐代的铜镜、元代的螺钿以及现代的牙雕和泥塑等物品。

（二）牛郎织女

“牛郎织女”是民间流传很广的古代神话，由于具有引人入胜的故事情节而为人们所喜爱。装饰纹样，常采用这一题材。牛郎织女也称牵牛织女或牛星织女，牛郎、织女均为星名，二星中隔银河，一在东，一在西，遥遥相对。班固《西都赋》中有“左牵牛而右织女”，以及曹植《九咏注》描述的：“牵牛为夫，织女为妇”，均表明两者为夫妻关系。牛郎织女的神话，最早见于《诗经·小雅》，“维天有汉，监亦有光。跂彼织女，终日七襄。虽则七襄，不成报章。睆彼牵牛，不以服箱”。在《古诗十九首·迢迢牵牛星》中则更具体，“迢迢牵牛星，皎皎河汉女。纤纤擢素手，札札弄机杼。终日不成章，泣涕零如雨。河汉清且浅，相去复几许？盈盈一水间，脉脉不得语”。《诗经》中只是指星，而《古诗十九首》则已拟人化了。但使其成为神话基础的则是《月令广义·七月令》引南朝梁殷芸的《小说》：“天河之东有织女，天帝之子也。年年机杼劳役，织成云锦天衣，容貌不暇整。帝怜其独处，许嫁河西牵牛郎，嫁后遂废织纴。天帝怒，责令归河东，但使一年一度相会。”在民间，故事又有所发展，如牛郎遵老牛嘱，窃取正在银河沐浴的织女的衣服，后结为夫妻，生下一儿一女。王母娘娘怒，命天神将织女捕上天，牛郎裹牛皮登天寻织女，王母娘娘用金簪在天空划出银河，使牛郎织女隔河相望，只许一年一度相会。七月七日相会日称为“七夕”，妇女在这一天要穿针乞巧；相会时喜鹊为桥，称为“鹊桥”。

（三）三顾茅庐

“三顾茅庐”是三国时期刘备三访诸葛亮的故事，称“三顾”或“刘玄德三顾茅庐”，历来传为礼贤下士的美谈，故多应用为工艺美术的装饰纹样。事见《三国志·蜀志·诸葛亮传》：“先帝不以臣卑鄙，猥自枉屈，三顾臣于草庐之中”。诸葛亮原籍山东，其时隐居隆中，住在卧龙岗的一所茅庐(即茅屋)里。刘备经徐庶介绍，三次专程拜访，头两次避而未见，最后一次才答应出山相助，当了刘备的军师，设巧计打了很多胜仗，奠定了蜀汉的国基，后任丞相。唐代杜甫《蜀相》：“三顾频烦天下计，两朝开济老臣心。”沈佺期《陪幸韦嗣立山庄》：“茆室承三顾，花源接九重。”元代马致远《荐福碑》：“我住着半间儿草舍，再谁承望三顾茅庐”。此故事比喻虔诚邀请，也有引申为“三请诸葛”，有讽刺摆架子之意；还有“初出茅庐”，形容幼稚而无经验，则非本意了。在元代的彩绘、雕刻等装饰上，常见“三顾茅庐”这一纹样题材。

（四）萧何追韩信

“萧何追韩信”的故事见于《史记·淮阴侯列传》：“(韩)信数与萧何语，何奇之。至南郑，诸将行道亡(逃)者数十人，信度何等已数言上，上不我用，即亡。何闻信亡，不及以闻，自追之。人有言上曰：‘丞相何亡。’上大怒，如失左右手。居一二日，何来谒上。上且怒且喜，骂何曰：‘若亡，何也？’何曰：‘臣不敢亡也，臣追亡者耳。’上曰：‘若所追者谁？’何曰：‘韩信也。’上复骂曰：‘诸将亡者以十数，公无所追；追信，诈也。’何曰：‘诸将易得耳，至如信者，国士无双。王必欲长王汉中，无所事信；必欲争天下，非信无所与计事者。’”后以萧何追韩信谓为将离去的有才之士追回并重用之。唐代李商隐《四皓庙》：“萧何只解追韩信，岂得虚当第一功”，即指此。“萧何追韩信”作为装饰纹样，见于元代青花瓷的装饰上。

（五）梁山伯与祝英台

“梁山伯与祝英台”是民间传说故事，情节曲折感人，广为流传。叙述敦厚的梁山伯与女扮男装的祝英台同窗三年，建立了深厚的友谊。祝英台多次对梁山伯进行试探，但梁并未觉察祝是女性，直至毕业返家，方知祝是女子，惊喜交集，两人私订终身。但因梁家贫苦，祝被家庭逼嫁豪门。梁山伯气愤吐血而死，祝英台跳进梁墓，双双化为蝴蝶。清代吴骞《桃溪客语·梁祝同学》谓祝英台“过梁墓大恸，墓忽开，祝身随入，同化为蝴蝶”。故事反映了青年男女对自由美好生活的追求和对爱情的真诚。后多作为戏曲题材，明代有《同窗记》，近代有川剧《柳荫记》，情节大同小异，只是《柳荫记》将化蝶改为化鸳鸯，以求其爱情含义更形象化。诸戏曲中，以越剧影响最大。在彩塑、木雕、石雕等立体装饰中以及刺绣、漆画、剪纸、年画等平面装饰中，多作为主题内容和装饰纹样，受到人们的喜爱。

（六）白蛇传

“白蛇传”是民间传说故事。主要描写白娘子（即白素贞）这一千年修炼的白蛇，思凡下山，与侍儿小青(亦青蛇所变)同来杭州，与药店许仙在断桥相会，产生爱情而结为夫妻。金山寺和尚法海为护许仙，力除白青二蛇。为与许仙长相厮守，身怀有孕的白娘子与法海展开斗争，水漫金山寺使斗争达到高潮，法海将白娘子和小青镇压在雷峰塔下。故事着重刻画了白娘子、小青、许仙、法海四个人物形象。小青仗义助人、坚强反抗的性格，得到明确表现。故事歌颂了爱情自由和反抗压迫的斗争精神。明代陈六龙的《雷峰记》即以此为题材；清代黄图珌、方成培均创作有《雷峰塔》传奇；明代冯梦龙《警世通言》第28卷有《白娘子永镇雷峰塔》，与民间传说所记略有出入。作为戏曲剧目，“盗仙草”“水漫金山”均为人们所喜爱。同时,“白蛇传”也作为装饰题材，广泛应用于雕塑、剪纸、年画、漆画等工艺美术中。

（七）郭子仪拜寿（图4-60）

郭子仪夫妇七十双寿诞，七子八婿身着官袍，跪拜堂前，为双老庆寿。此装饰题材意喻为国立功，受民爱戴，以及德行德能、子孝父荣的祥和大家景象。

图4-60 刺绣郭子仪祝寿，清代，私人收藏

（八）四大美女

四大美女即西施、王昭君、貂蝉、杨玉环（图4-61），在我国民间妇孺皆知，千百年来，民间常用“沉鱼落雁之容，闭月羞花之貌”的美誉来形容她们。“沉鱼”，讲的是西施浣纱的故事；“落雁”，指的是昭君出塞的故事；“闭月”，述说的是貂蝉拜月的故事；“羞花”，谈的是杨玉环贵妃醉酒观花时的故事。这种形容既生动又含蓄，为人们留下充分想象的余地。仅仅这八个字，却包含着具有浪漫主义色彩的四个小故事，也充分体现了中国传统文化的丰富内涵。四大美女有着倾国倾城之貌，在历史的大事件中，她们救国救民、曲折动人的传奇故事被古代民间广为传颂。除四大美女外，婉约清秀的侍女形象也是人物纹样中常见的素材，如清代平金绣地开光庭院侍女纹挽袖（图4-62）、明代金地缂丝灯笼侍女纹袍料（图4-63）。

图4-61　刺绣四大美女，清代，私人收藏

图4-62　平金绣地开光庭院侍女纹挽袖，清代，清华大学美术学院藏

（九）麻姑献寿

麻姑又称寿仙娘娘，是中国民间信仰的女神，属于道教人物（图4-64～图4-66）。据《神仙传》记载，其为女性，修道于牟州东南姑馀山（今山东莱州市），中国东汉时应仙人王方平之召降于蔡经家，年十八九，貌美，自谓“已见东海三次变为桑田”。故古时以麻姑喻高寿。又流传有三月三日西王母寿辰，麻姑于绛珠河边以灵

图4-63　金地缂丝灯笼侍女纹袍料，明代，北京艺术博物馆藏

图4-64　麻姑献寿，清代，私人收藏

图4-65　麻姑献寿，清代，私人收藏

图4-66　缂丝麻姑献寿，清代，私人收藏

芝酿酒祝寿的故事。中国民间传统为女性祝寿多赠麻姑像，取名麻姑献寿。

思考与练习

1. 联系封建社会男耕女织的社会背景，以及人物纹样应用的载体，思考传统人物纹样应用的内涵。

2. 举例分析常见戏曲人物纹样的构图形式，及所传递的正面价值。

3. 分析传统服饰及服饰品艺术上的人物纹样，概括其类型及价值取向。

吉祥纹样

课题名称： 吉祥纹样

课题内容： 1．吉祥纹样的起源与发展
2．吉祥纹样的表现手法
3．吉祥纹样的审美特征
4．吉祥纹样的民俗文化内涵
5．吉祥纹样的图案搭配

课题时数： 2课时

教学目的： 主要阐述吉祥纹样的发展变化，使学生了解吉祥纹样的构成形式特征和审美内涵，深刻体会中国纹样所蕴含的吉祥寓意。

教学方法： 讲授与讨论

教学要求： 1．让学生了解吉祥纹样产生发展的社会文化背景。
2．使学生掌握吉祥纹样的表现形式及其内在的审美寓意。
3．让学生掌握常用吉祥纹样的搭配形式。

课前准备： 梳理总结日常生活中常见吉祥纹样的种类和组成样式，并思考其文化内涵。

第五章　吉祥纹样

吉祥纹样是我国明清时期普遍盛行的装饰纹样，一般以转喻、谐音等比附的手法，把象征美好的事物描绘成图，有的还配以文字说明，以构成某种具有吉祥意味的纹样，有“图必有意，意必吉祥”之说。它反映了人们对生活的美好向往和祝愿，是古人祈福纳祥文化思想的物化表现。

“吉祥”二字出现较早，最早在《庄子·人间世》中有“虚室生白，吉祥止止”之语，其意思是：“若心无任何杂念，就会生出智慧，从而达到清澈明朗的境界，这样好事情就会接连而来。”唐代成玄英疏：“吉者，福善之事；祥者，嘉庆之征。”《说文解字》中对“吉祥”二字的注解是：“吉，善也；祥，福也。”可见，吉祥是一种美好的预兆，象征着好运、祥瑞、吉利等。吉祥文化是中国特有的一种文化现象，吉祥如愿也是千百年来中国人生活中的重要精神追求，它贯穿于中国传统文化发展演变的全过程，而且有着深刻的民族、政治、经济、宗教、哲学以及审美发展的历史渊源，是中华民族丰富的想象力和创造力的智慧结晶。

第一节　吉祥纹样的起源与发展

吉祥纹样与人们的生活有着密切的关系，它根植于人们的吉祥观念，吉祥观念的起源在我国最早可追溯到商周时期或更为久远的原始文明时代。在原始社会阶段，生产力水平低下，生存条件恶劣，人们对自然心存畏惧与崇拜之情，视自然万物为神灵并重视吉凶之兆。先秦之时，巫卜盛行，趋利避害的预卜凶吉正是先民乞吉纳福的理想所在。在秦汉时期的织锦装饰图案中，常见的带有吉祥寓意的文字如“延年益寿”“长乐大明光”（图5-1）、“万事如意”（图5-2）、“云昌万岁宜子孙”“（永）昌长乐”等，以表示祝颂和吉祥。在汉代的瓦当、铜镜中亦有用吉祥文字做装饰的，如汉代铜洗上饰有“大吉祥”三字。魏晋南北朝的纹样题材融入了大量佛学、道学、玄学的祥瑞内容，富有时代特色的莲花纹和忍冬纹也都带有驱灾纳祥之意。隋唐之后，纹样题材以植物鸟兽纹样为主，其最大特点是将花草纹饰与各种祥禽瑞兽、仙人神物等穿插组合，以表达一定的吉祥寓意。发展至宋代时，吉祥纹样已趋于成熟。宋元时期，吉祥纹样的内容以寓意富贵吉祥的祥禽瑞兽、

图5-1　“长乐大明光”锦，汉晋，新疆民丰尼雅遗址8号墓出土

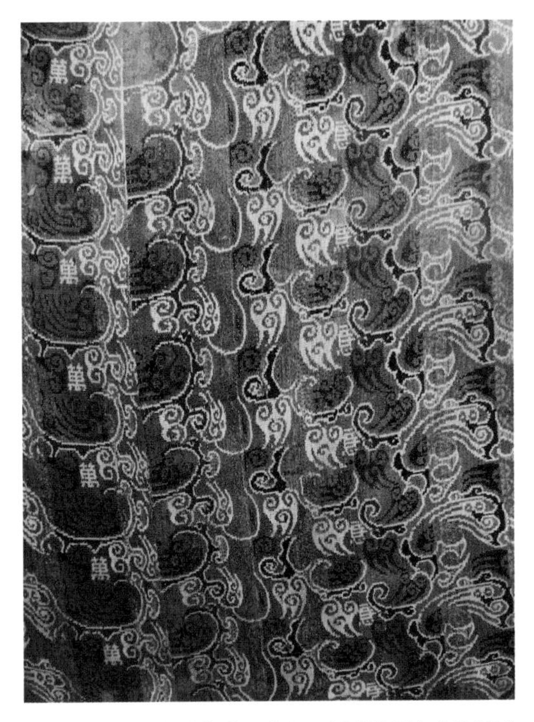

图5-2　“万事如意”锦，东汉，新疆维吾尔自治区博物馆藏

奇花珍草为主。到明清时期，吉祥纹样的题材丰富多彩，随着商品经济的发展以及市民阶层的活跃，吉祥纹样以社会下层民众审美意识的情感为主体，同时融合统治者意识、宗教观念及资本主义民主思想等方面因素作为构思的基础，达到了“图必有意，意必吉祥”的程度，并达到高峰，形成了此一时期的装饰特色，既注重纹样的形式美，也注重纹样的意义美。

第二节　吉祥纹样的表现手法

吉祥纹样在表现形式上一般是用具体的事物形象，借助比喻、象征来表达抽象的吉祥概念，又用固定的概念来启迪人们的不固定联想。其题材涉猎广泛，包含植物题材、动物题材、人物题材、几何题材、文字题材等，构成手法主要有以下几种。

一、象征

象征是以事物的形态、色彩或生态习性，取其相似或相近来表现一定的含义。如龙、蟒、凤等是权力和等级的象征；牡丹是富贵的象征，通常称为富贵花；狮虎为威仪、权势的象征；桃、龟、鹤、松柏等则表示长寿；太平花表示太平；石榴、葡萄等表示多子；萱草又名宜男花，表示得子生男；梅兰竹菊为四君子（图5-3），表示高雅、象征友谊；莲花表示纯洁；鸳鸯、并蒂花等象征男女爱情。

图5-3　方胜地岁寒三友，明代，美国费城艺术博物馆藏

二、寓意

寓意即是借一个或一组可以假托、转喻、谐音的形象来传情达意。这种方法在我国工艺美术和染织艺术中应用范围极广，如松树与仙鹤搭配表示延年益寿；海燕与荷花搭配寓意海晏河清；如图5-4所示的折枝三多几何纹方方锦中，石榴寓意多子，桃子寓意长寿，牡丹寓意富贵。

三、谐音

用事物名称的谐音来表达美好的寓意，也是吉祥纹样的常见手法。如“喜上眉梢”多以喜鹊与梅花组成，喜鹊立于梅花枝上，以喜鹊代指“喜”，“梅”与“眉”谐音，比喻高兴的事情在眉眼间流露出来。吉祥纹样中谐音应用较多，如“福”与蝙蝠之“蝠”同音，“禄”与“鹿”同音，“丰”与蜜蜂的“蜂”同音等，这类纹样的含义相对来说较为隐晦一些，也有的显得比较生硬牵强。如图5-5所示的红地织“五湖四海”团花绸，用五个葫芦组成圆形谐音“五湖”，四个海螺谐音“四海”，寓意四面八方、全国各地。

图5-4　折枝三多几何纹方方锦，清代，清华大学美术学院藏

图5-5　红地织“五湖四海”团花绸，明代，北京故宫博物院藏

图5-6　蓝地织牡丹团寿盘长纹暗花漳绒，清代，北京故宫博物院藏

图5-7　菊花顶寿纹二色锦纹样，明代，北京故宫博物院藏品绘制

四、文字

文字是纹样中常用的装饰元素，吉祥纹样也常用“福、禄、寿、喜”等具有直观美好寓意的文字来表达，有时也将文字与其他元素形象组合在一起，以突出纹样的主题，如图5-6所示的蓝地织牡丹团寿盘长纹暗花漳绒，纹样用圆寿字与牡丹、盘长组合在一起，象征富贵长寿。而图5-7所示的纹样则用缠枝菊花与寿字组合在一起，象征长寿。

五、表号

表号即用大众多熟知的简略标识或符号来表现一定的意义。如乌（三足乌）代表日，兔代表月亮，鱼表示有余，钱眼、银锭、金锭代表财富等，图5-8所示的黑地八宝暗花库缎中就用到铜钱、珍珠、方胜、珊瑚等表号性元素。

图5-8　黑地八宝暗花库缎，明代，北京故宫博物院藏

第三节　吉祥纹样的审美特征

吉祥纹样的创作题材来源于自然万物，并从构图、造型、色彩方面进行“神似而形不似”的自由

设计，融合了中国历代能工巧匠的智慧和才华，展现着中华博大精深的传统文化，形成了独具特色的审美特征，归纳起来主要有以下几点。

一、构图求全求满

吉祥纹样是人们审美意识的物化表现形式，人们通过提炼、变形、重构等设计手法，表达自身对美的理解及对美好生活的向往意象。吉祥纹样的构图形式多种多样，主要有自由式、对称式、适形式、多变组合式，而求全求满的构图形式则主要体现在适形式当中，多以圆、方或任意形为主。图案布局都较为饱满，构图合理，层次丰富，借以表达美满幸福、十全十美的审美理念。如图5-9清代石青地妆花“五福捧寿”团片所示，有机地将五蝠与寿字纹结合，并穿插其他花卉植物纹，铺以万字纹作底，构图饱满，在有限的圆形中展现着变化与统一的和谐美。

图5-9 石青地妆花“五福捧寿”团片，清代，私人收藏

二、造型变化统一

吉祥图案在造型上采用的是平面结构，重点表现的是形象的外部轮廓，不追求空间、明暗光影的变化，对外形特征做平面化或象征性处理，并进行大胆夸张、变形，因此，吉祥图案十分注重图案形与形之间的相互关系。花草树木、祥禽瑞兽、人物几何等图案都有着自身独特的文化内涵与造型结构，运用对称、均衡、节奏、重复、韵律等形式美法则，相互映衬，彰显自身特色的同时又与其他图案有机结合。此外，在同一空间中既要求整体和谐统一，又追求局部变化多端，不仅增加了图案的层次感，又丰富了图案的文化内涵。如图5-10明代喜结连理纹妆花缎局部所示，“喜”象征为喜庆，并蒂莲花象征男女爱情缠绵，以灵活多变的缠枝并蒂莲花嵌规矩的“喜”字构成图案，借“莲”喻“连”，取名“喜结连理”，寓意夫妻同心、琴瑟和谐。

图5-10 喜结连理纹妆花缎局部，明代，北京定陵出土

三、色彩吉庆祥瑞

吉祥纹样作为中国传统的民间艺术，其色彩也多来源于民间，与民间的民俗文化息息相关，大多体现着人们的审美观念和文化观念。中国古

代劳动人民在生产实践中形成了五行的哲学观念，五行学中红、黄、蓝、黑、白被古人视为吉利吉祥的“正色”，代表一切颜色。传统图案的色彩已超越一般的装饰美化功能，更多的是对特殊情感和文化理念的传达，通过色彩的寓意及内涵来满足人们对平安富贵、吉祥如意的渴望心理。如绿色寓意万年长青、红色寓意四季红红火火，红与绿搭配表示大吉大利，黄色表示丰收等，无处不表达着劳动人民热爱生活的美好愿望（图5-11）。

图5-11　彩绦纹地富贵三多纹锦，清代，北京故宫博物院藏

第四节　吉祥纹样的民俗文化内涵

“求吉避凶、祈福消灾”的吉祥纹样是人们对未来生活的希望和期盼，是人们热爱生活、努力去改变客观生存环境的坚强意志和决心，它那丰富的内涵、善美的理想是现实生活中人们心声的直接表现。其简洁凝练的艺术语言和独具匠心的由物寓意的组合搭配是中国传统文化精神的代表。

意味美好的吉祥纹样织绣成纹并应用在纺织品装饰上，使纺织品本身除了使用功能外更具有了福善吉祥的寓意，更突出了其文化功能和社会功能，帝王官宦以此来彰显身份、地位，普通百姓则借此祈愿吉祥。所以，吉祥纹样具有极强的艺术生命力和深厚的群众基础，深受广大人民群众喜爱。吉祥纹样从内容上看多为祈子延寿、祛邪禳灾、纳福招财等主题，如瓜瓞绵绵（图5-12）、鹿鹤同春、麒麟送子、仙桃延寿、龙凤呈祥（图5-13）

图5-12　石青缎绣瓜蝶镶领袖边女夹马褂，清代，北京故宫博物院藏

图5-13　石青色绸绣八团龙凤双喜锦褂，清代，北京故宫博物院藏

等，这些纹样或谐音巧妙，或寓意奇特，其多样的艺术表现手法是我们应该学习借鉴的宝贵民族遗产。即使在现代日常生活中，吉祥纹样还是随处可见，无论是重大的节日、还是普通的婚丧嫁娶、祭祀祈祷等活动都有它的出现。

第五节　吉祥纹样的图案搭配

吉祥纹样在长期的发展和演变中，形成了多种固定的搭配方式，常见的纹样组合有以下几种。

五福捧寿：福通蝠，取蝙蝠之形，寿取其字或由桃子代替，通常由五只蝙蝠围着寿字或桃子构成，五蝠代表五福，寓意多福多寿（图5-9）。五福之称源于《书经》，在《洪范》中有解：“五福，一曰寿，二曰富，三曰康宁，四曰攸好德，五曰考终命。”其中“攸好德”是“所好者德也”的意思，“考终命”是有善终。汉代恒谭的《新论》也写到：“五福，寿、富、贵、安乐、子孙众多。”

竹报平安：由竹子、太平花、花瓶组成。竹通祝，取其音，是指平安家信。典故出于唐代段成式《酉阳杂俎续集·支植下》，“北都惟童子寺有竹一窠，才长数尺。相传其寺纲维每日报竹平安”。宋代韩元吉《水调歌头·席上次韵王德和》：“月白风清长夏，醉里相逢林下，欲辩已忘言。无客问生死，有竹报平安。”又据南朝梁宗懔《荆楚岁时记》：“正月一日……鸡鸣而起，先于庭前爆竹、燃草，以辟山臊恶鬼。”以竹在火上烧之，有噼啪响声，后以纸卷火药制成爆竹，以驱邪保平安。因此，纹样上经常还以儿童燃放爆竹表示“竹报平安”。此外，除表示辟鬼驱邪祝颂升平外，其还有为节庆活动增添喜气的意义。

图5-14　万寿如意织金缎，明代，私人收藏

万寿长春：通常有“卍”字纹做底，上装饰有寿字或各色花卉。“卍”字是古代的一种符咒、护符或宗教标志。通常被认为是太阳或火的象征。佛教认为它是释迦牟尼胸部所现的“瑞相”，用作“万德”吉祥的标志，其结构形式可以做无限连续的排列，所以常拿来做底纹，有万世不到头之意。“卍”字与寿字搭配有万寿之意（图5-14）。此外，“万寿”还是臣民对皇帝、皇后生日的敬辞之意，清代皇帝的诞辰日称为万寿节，取万寿无

疆之义，是宫中重要的典礼活动。各类缠枝纹样也统称为“万寿藤”，取连绵不断、久长美好的吉祥意义，如图5-15所示的明代白地织绿色万字缠枝莲花缎。

图5-15　白地织绿色万字缠枝莲花缎，明代，北京故宫博物院藏

吉庆有余：常用磬和鱼组成，可在磬形中作双鱼纹，又可以一儿童执戟，上挂有鱼，另手携玉磬组成。“戟磬”谐音“吉庆”，“鱼”与“余”同音，隐喻生活富裕、家境殷实，表达了古代人们追求年年幸福、富裕生活的良好愿望。戟为古代兵器，是官阶、武勋的象征。唐代，官、阶、勋达三品之家，可立戟于门，称为“戟门”或“戟户”。磬，中国古代宫廷的打击乐器，为“五瑞”之一，也为“八宝”之一，是吉祥之物，图5-16所示的八宝纹中即有磬。

连年有余：常以童子怀抱鲤鱼，并搭配莲花的形式出现，“莲”谐音“连”，“鱼”谐音“余”，也称年年有鱼。表达了人们希望富裕有余的愿望。

图5-16　八宝纹二色缎纹样，明代，北京故宫博物院藏

连生贵子：常由莲花、桂圆、花生和童子组成，花生、桂圆取其音、男孩取其形。也有以童子怀抱芦笙，并搭配以莲花、莲蓬、桂花的形式出现，暗喻人们对子孙兴旺发达的寄托。

玉堂富贵：由白玉兰、海棠、牡丹组成。“玉堂”意指宫殿或官署，战国时期楚人宋玉在《风赋》中描述到“然后徜徉中庭，北上玉堂，跻于罗帷，经于洞房，乃得为大王之风也”；战国末期韩非《韩非子·守道》中有“人主甘服于玉堂之中”；汉代刘向《九叹·逢纷》中也写到“芙蓉盖而菱华车兮，紫贝阙而玉堂”。“富贵”一词源自《论语·颜渊》，“商闻之矣，生死有命，富贵在天”，指富裕而显贵。民间常用玉兰、海棠谐音玉堂，以牡丹花象征富贵，将这几种花卉搭配在一起借喻玉堂富贵，祝愿职位高升、富裕显贵。

福寿三多：由佛手、桃子、蝙蝠、石榴组成，佛手与福字谐音而寓意“福”，以桃子多寿而谐意“寿”，以石榴多子而谐意“多男子”。典故源于《庄子·外篇·天地》：“尧观乎华，华封人曰：‘嘻，圣人！请祝圣人，使圣人寿。’尧曰：‘辞。’‘使圣人富。’尧曰：‘辞。’‘使圣人多男子。’尧曰：‘辞。’封人曰：‘寿、富、多男子，人之所欲也。女独不欲，何邪？’尧曰：‘多男子则多惧，富则多事，寿则多辱。是三者，非所以养德也，故辞。’”民间以

“福寿三多”“华封三祝”“多福多寿多男子”表示对多福多寿多子的颂祷。有时还会加上桃花、牡丹、菊花、梅花四季花卉表示一年四季多福多寿（图5-17、图5-18）。

灯笼纹：又称为“天下乐”“庆丰收”，以灯笼作为主要题材，间以谷穗，挂有流苏，周围饰有蜜蜂。灯笼表示喜庆，谷穗代表谷物，“蜜蜂”谐音“丰”，是宋代时流行的一种织锦纹样，寓意张灯结彩、普天欢庆、五谷丰登、风调雨顺，祝颂生活的美好。商末周初人吕尚《六韬》：“是故风雨时节，五谷丰熟，社稷安宁。”汉代《东观汉记》：“五谷丰熟，家给人足。”寓意粮食丰收、国家安宁。宋代梅尧臣《碧云騢》：“彦博知成都，贵妃以近上元，令织异色锦。彦博遂令工人织金线灯笼载莲花，中为锦纹……中官有诗曰：‘无人更进灯笼锦，红粉宫中忆佞臣。’”元代《蜀锦谱》中亦有“天下乐”锦的记载（图5-19、图5-20）。

图5-17　锦群地三多花卉锦，清代，北京故宫博物院藏

图5-18　粉红地团三多捧寿妆花缎，清代，北京故宫博物院藏

图5-19　石青缂丝八团灯笼纹锦褂，清嘉庆，北京故宫博物院藏

图5-20　金地缂丝灯笼侍女纹袍料，明代，北京艺术博物馆藏

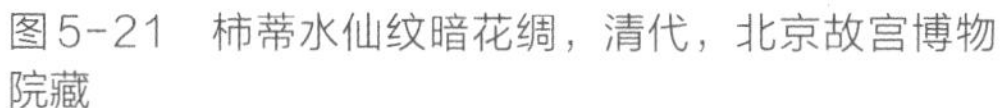

图5-21　柿蒂水仙纹暗花绸，清代，北京故宫博物院藏

图5-22　松竹梅纹临摹图，宋代，福州黄昇墓出土

事事如意：也称“万事如意”，由两只或多只柿子、狮子与如意头和灵芝组成。清代纪昀《阅微草堂笔记》载：“甲曰：‘为其事事如我意也。’神喟然曰：‘人能事事如我意，可畏甚矣！’”柿为一种果品，唐代段成式《酉阳杂俎》记载：“柿有七德：一长寿，二多阴，三无鸟巢，四无虫，五霜叶可玩，六嘉实，七落叶肥大可临书。”柿蒂纹也常用作丝织纹样（图5-21）。唐代白居易《杭州春望》：“红袖织绫夸柿蒂，青旗沽酒趁梨花。”“柿、狮”和“事”同音，故寓意事事，表达了人们追求万事顺意完美的观念。

岁寒三友：一般由松、竹、梅组成，皆取其形，因松、竹、梅经冬不衰，傲骨迎风，挺霜而立，因此称“岁寒三友”（图5-22）。松象征常青不老、竹象征君子之道、梅象征冰清玉洁，因其寒冬腊月仍能常青。明代无名氏《渔樵闲话》：“到深秋之后，百花皆谢，惟有松、竹、梅花，岁寒三友。”宋代林景熙《王云梅舍记》：“即其居累土为山，种梅百本，与乔松修篁为岁寒友。”

四季景：一般由代表春节的牡丹、茶花，代表夏季的荷花，代表秋季的菊花以及代表冬季的梅花组成，寓意一年四季的更替轮换，也是人们对美好生活的向往（图5-23）。

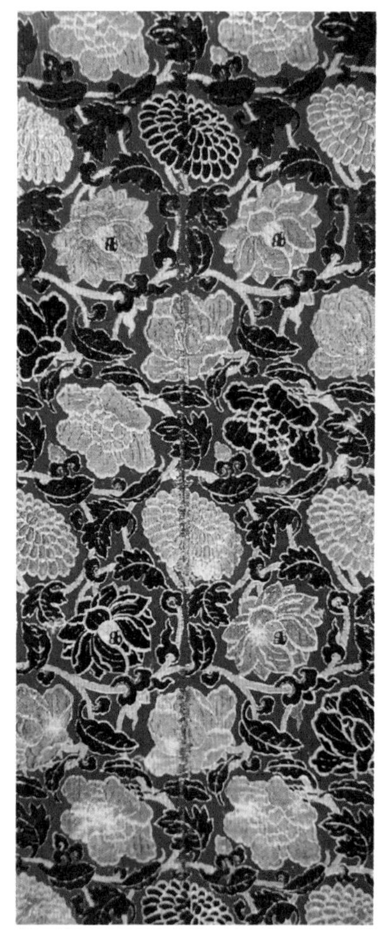

图5-23　缠枝花一年景妆花缎，明代，北京故宫博物院藏

子孙万代：葫芦系上长长的飘带，并加以“卍”字纹组成；或是由葫芦与藤蔓组成。葫芦是富贵的象征，代表长寿吉祥，因葫芦藤蔓绵延，结子繁盛，又被视为祈求子孙万代的吉祥物；“卍”字有万世流转、延绵不断之意，两者搭配寓意子孙世代延续（图5-24）。

海晏河清：也称为“海清河晏”，由海棠、海燕、荷花组成，寓意时世升平、天下大治，表达了人们对世态安定平和的美好期望。《易纬·乾凿度》卷下：“天之将降嘉瑞应，河水清三日”。古时黄河水浊，少有清时，因此以河清为祥瑞象征。海晏指沧海平静。唐代顾况《八月五日歌》：“率土普天无不乐，河清海晏穷寥廓。”宋代王谠《唐语林·夙慧》：“河清海晏，物殷俗阜”；唐代郑锡《日中有王子赋》：“河清海晏，时和岁丰。”

群仙祝寿：此纹样的表现形式有两种，一种以水仙为主体，加上仙鹤，寓意为“群仙”；“竹”与“祝”同音，借寓为祝福；寿桃、灵芝为长寿的象征物，三者共同组成群仙祝寿，表达祈求吉祥长寿之意。另一种用道教八仙钟离权、铁拐李、张果老、吕洞宾、韩湘子、蓝采和、曹国舅、何仙姑为西王母祝寿的故事表现（参见图4-45）。

福寿如意：由蝙蝠、寿桃和如意组成。“蝙蝠”谐音“福”，福是指福气、幸福。《韩非子·解老》：“全寿富贵之谓福”；《诗经·小雅·瞻彼洛兮》“凡言福者，大庆之辞”；《礼记·祭统》“福者，备也；备者，百顺之名也。无所不顺者，谓之备”。寿桃，民间多以桃子来祝寿，视为延年益寿的佳果。汉代东方朔《神异经》：“东北有树焉，高五十丈，其叶长八尺，广四五尺，名曰桃；其子径三尺二寸，小狭核。食之，令人知寿。”如意，源于中国民间用以搔痒的器物，柄端作手指形或心字形者，用以搔痒，可如人意，因而得名。清代《事物异名录》云：“如意者，古之爪杖也。”后发展为含有吉祥寓意的陈设珍玩（图5-14、图5-25）。

和合如意：由荷花、圆盒和如意组成，其中圆盒半开，插入如意，“荷”谐音“和”，

图5-24　葫芦纹织物（经皮面），明代，北京故宫博物院藏

图5-25　四合如意宝相花库金，晚清，南京云锦研究所藏

“盒”谐音“合”，有和谐美好之意。还有一种用“和合二仙”来表示，“和合二仙”是中国传统典型的象征形象，二仙蓬头笑面，一个持盛开的荷花，一个捧有盖的圆盒，多在婚礼时陈列悬挂，以示婚姻美满、家庭和合（图5-26）。一般认为和合二仙为寒山、拾得二僧，也有的称其为“万回”。唐代段成式《酉阳杂俎》：“僧万回年二十余，貌痴不语。其兄戍辽阳，久绝音问，或传其死，其家为作斋。万回忽卷饼茹，大言曰：‘兄在，我将馈之。’出门如飞，马驰不及。及暮而还，得其兄书，缄封犹湿。计往返，一日万里，因号焉。”明代田汝成《西湖游览志余》卷二三云：“宋时，杭城以腊月祀万回哥哥，其像蓬头笑面，身着绿衣，左手擎鼓，右手执棒，云是和合之神，祀之可使人在万里外亦能回来，故曰万回。今其祀绝矣。”清代翟灏《通俗编》（无不宜斋本）卷十九“和合二圣”条亦云：“今和合以二神并祀，而万回仅一人。”

图5-26　合和二仙缂丝，清代，私人收藏

喜上眉梢：以成对的喜鹊立于盛开的梅花枝头，喜鹊作为喜的象征，“梅花”谐音“眉”，形容人逢喜事、神情洋溢的样子。喜，高兴也，《说文解字》：“喜，乐也。”五代王仁裕《开元天宝遗事》：“时人之家，闻鹊声皆以为喜兆，故谓灵鹊报喜。”《禽经》中也讲道：“灵鹊兆喜。”

瓜瓞绵绵：其纹样在表现形式上有两类，一类是由大瓜、小瓜和瓜蔓组成瓜连藤蔓纹样，另一类是瓜和蝴蝶的组成纹样，取“蝶”与“瓞”同音。《诗经·大雅·绵》中有“绵绵瓜瓞，民之初生，自土沮漆”之句，大瓜谓之瓜，小瓜谓之瓞，瓜瓞绵绵的含义为瓜始生时常小，但其蔓不绝，会逐渐长大，绵延滋生，寓意人类繁衍如连绵不断的瓜蔓上的瓜一样，子孙万代昌盛，生生不息（图5-27）。

图5-27　缠枝莲牡丹瓜瓞纹芙蓉妆花缎，清代，私人收藏

宜男多子：以石榴和萱草组成。萱草俗称黄花菜或金针花，多年生草本，可作蔬菜和观赏，也称“忘忧草”。《说文解字》：“藼（萱）令人忘忧之草也。”汉代蔡琰《胡笳十八拍》：“对萱草兮忧不忘，弹鸣琴兮情何伤。”古人认为孕妇佩之则生男，故又称“宜男草”。《齐民要术》曰：“怀妊人带佩，必生男。”唐末五代前蜀时人杜光庭《录异记》载：“妇人带宜男草，生儿。”清代孙枝蔚《房兴公新姬》诗云：“生儿便是宜男草，对客休矜解语花。”石榴亦有多子之意，两者搭配用以祝颂妇人多子。

太平有象：也称“太平景象”“喜象升平”。纹样为一大象背上驮一瓶，瓶中又有花卉或三戟，三戟表示平升三级。大象被人看作瑞兽，寓意好景象；“宝瓶”谐音“平”，寓意时世太平。《汉书·王莽传》记载有“天下太平，五谷成熟”；唐代温庭筠《长安春晚》诗中写到“四方无事太平年”；宋代陆游曾赋诗“太平有象无人识，南陌东阡捣辄香”。太平有象即天下太平、五谷丰登的意思。

寿居耄耋：由寿桃、菊花和蝴蝶组成，以谐音寓意，表达了人们对健康长寿的祝颂。耄耋（mào dié）指八九十岁高寿的老人，常用猫、蝴蝶取谐音组成。《诗经·大雅·板》记载有“匪我言耄”；《礼记·曲礼上》写到“八十、九十曰耄”；曹操的《对酒歌》描述有“人耄耋，皆得以寿终。恩泽广及草木昆虫”。此外，还有耄老、耄期、耋老、耋至，都是指高寿的人。

海屋添筹：祝寿之词，又可称“海屋筹添”。海屋是指堆存记录沧桑变化筹码的仙屋；筹即指添寿。源自宋代苏轼《东坡志林》卷二：“尝有三老人相遇，或问之年。一人曰：‘吾年不可记，但忆少年时与盘古有旧。’一人曰：‘海水变桑田时，吾辄下一筹，尔来吾筹已满十间屋。’一人曰：‘吾所食蟠桃，弃其核于昆仑山下，今已与昆仑山齐矣。’”在纹样表现中，一般为海上的仙山，上有瑶台、仙人，仙鹤翔于祥云之中（图5-28）。

喜相逢：常以成双成对的龙凤、蝴蝶、蝙蝠等元素，并以S形骨架组成顺向旋转、彼此呼应的纹样。其组成形式和谐而有动感，在变化中求统一，在统一中有变化，寓意吉庆美好，是民间广为流行的一种纹样。明代刘若愚《酌中志·内臣佩服纪略》：“按蟒衣贴里之内，亦有喜相逢色名，比寻常样式不同。前织一黄色蟒，在大襟向左，后有一蓝色蟒，由左背而向前，两蟒恰如偶遇相望戏珠之意。此万历年间新式。”（图5-29～图5-31）。

艾虎五毒：五毒是指蜈蚣、毒蛇、蝎子、壁虎和蟾蜍，这五种动物是中国民间盛传的五大毒虫。虎，在中国古代被视为神兽，俗以为可以镇祟辟邪、保佑安宁。应劭《风俗通义·祀典》载：“虎者，阳物，百兽之长也。能执搏挫锐，噬食鬼魅。今人烧虎皮饮之，击其爪，亦能辟恶”。故民间多取虎为辟邪之用，其中尤以端午节的艾虎为最具特色。民间常用艾虎来克蛇、蝎、蜘蛛、蜈蚣、蟾蜍五种毒物，有辟邪祛毒、保护众生百灵健康长寿之意，于端午节时使用。宋代陈元规《岁时广记》引《岁时杂记》：“端午以艾为虎形，至有如黑豆大者，或剪彩为小虎，粘艾叶以戴之。”宋代

图5-28　缂丝海屋添筹横披，清代，私人收藏

图5-29　刺绣团花双蝶纹，清代，北京故宫博物院藏

图5-30　喜相逢纹样，清代，清华大学美术学院藏

图5-31　香色纳纱八团喜相逢单袍，清代，北京故宫博物院藏

王沂公《端午帖子》诗："钗头艾虎辟群邪，晓驾祥云七宝车。"又有清代富察敦崇《燕京岁时记》："每至端阳，闺阁中之巧者，用绫罗制成小虎及粽子……以彩线穿之，悬于钗头，或系于小儿之背，古诗云：'玉燕钗头艾虎轻'，即此意也。"（图5-32、图5-33）。

一品当朝：由仙鹤、太阳、潮水及祥云组成。以仙鹤表示一品，鹤又为羽族之长，品性清高，被用作一品文官的补子图案，被称为"一品鸟"；以太阳表示皇帝；"潮"谐音"朝"，鹤向太阳昂首振翅，立于潮水奔涌的岩石之上，借喻人臣之极，表示官位极高，主持朝政。古代官位共分为九等，从一品到九品，一品为最高官位。其形式还可以表现为一官员身穿官服，头戴官帽，手持锦帛，上书"当朝一品"四字。

图5-32　红暗花罗地绣五毒纹方补，明代，北京定陵出土

图5-33　红地灰绿花艾虎五毒纹锦，明代，私人收藏

八吉祥纹样：一种为佛教的八吉祥，是藏传佛教象征威力的八种法器。有法轮、法螺、宝伞、白盖、莲花、宝瓶、金鱼、盘长结八种图案，视为吉祥象征。这八种图案都有各自特定的象征意义：法螺表示佛音吉祥，遍及世界，是好运常在的象征；法轮表示佛法圆轮，代代相续，是生命不息的象征；宝伞表示覆盖一切，开闭自如，是保护众生的象征；白盖表示遮覆世界，净化宇宙，是解脱贫病的象征；莲花表示神圣纯洁，一尘不染，是拒绝污染的象征；宝瓶表示福智圆满，毫无漏洞，是取得成功的象征；金鱼表示活泼健康，充满活力，是趋吉避邪的象征；盘长结表示回贯一切，永无穷尽，是长命百岁的象征（图5-34～图5-36）。另一种为道教的八吉祥，即以八仙手中所持之物组成的纹饰，有汉钟离持的扇、吕洞宾持的剑、张果老持的渔鼓、曹国舅持的笏板、铁拐李持的葫芦、韩湘子持的洞箫、蓝采和持的花篮、何仙姑持的荷花，也称“暗八仙”。有寓意祝颂长寿之意（图5-37、图5-38）。

杂宝纹样：主要是一些奇珍异宝的器物图形，所取宝物形象较多，有双角、金银锭、犀角、火珠、火焰、火轮、法螺、珊瑚、双钱、祥云、灵芝、方胜、艾叶、卷书、笔、罄、鼎、葫芦等。因其常无定式，可任意择用，故而称杂

图5-34　八宝纹锦，明代，北京故宫博物院藏

图5-35　绛色地黄色八宝纹锦，明代，北京故宫博物院藏

图5-36　八宝纹织锦缎，明代，北京故宫博物院藏

图5-37 八吉祥织锦缎，明代，北京故宫博物院藏

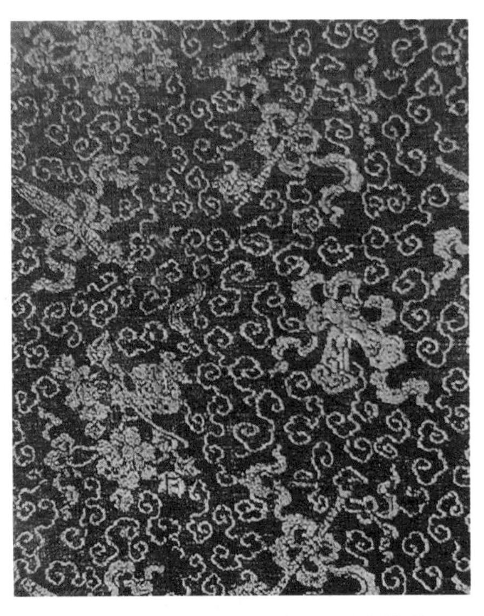

图5-38 暗八仙织金缎，清代，私人收藏

宝。也有任取其中八品组成纹饰者，称八宝，但不同于八吉祥纹。在使用上，可以采用纯杂宝纹样的排列，也可以与其他纹样组合排列，起到点缀装饰的作用（图5-39）。

海水江崖：为清代官服的装饰纹样，明代已见雏形。该纹样主要以波涛翻腾的水浪作为题材，水浪称为“水脚”，水浪横排的称为“平水”、水浪立排的称为“立水”，通常用五色斜条，或弯曲或斜直，上有浪花、旋涡，呈波浪形翻涌。一般有三个直而陡峭的山石立于海水之中，位于袍服下摆的正中和两侧，取山峰的形象。海浪汹涌，浪卷崖顶，常与龙纹以及胸背中的禽兽纹搭配，龙爪握定江崖意为牢牢把握江山，使江山永固。清代时，其还常常搭配一些杂宝纹样，如犀角、书籍、宝珠、珊瑚、灵芝等。在《清史稿·舆服志》中作了详细规定，皇帝朝服“下幅八宝平水”，龙袍“下幅八宝立水”；皇后朝褂“下幅八宝平水”，朝袍“下幅八宝平水”，龙褂“下幅八宝立水”，龙袍“下幅八宝立水”；皇子朝服“下幅八宝平水”等（图5-40、图5-41）。

图5-39 杂宝纹织锦缎，清代，私人收藏

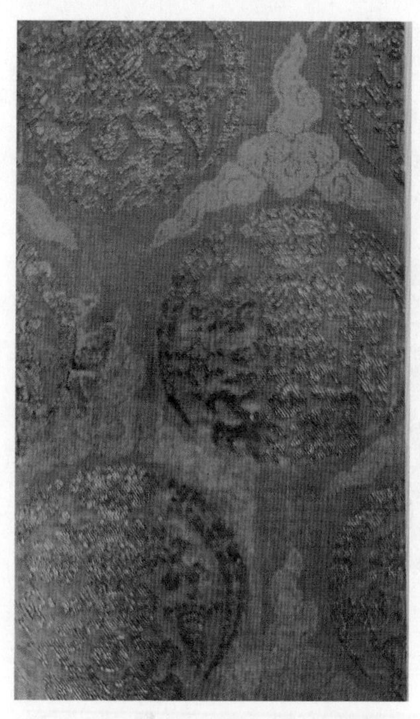

图5-40 七珍图二色缎，明代，北京故宫博物院藏

图5-41 江水海崖纹，清代，北京故宫博物院藏

思考与练习

1. 通过对吉祥纹样的认识，思考当今纹样艺术中形与意的关系。
2. 总结吉祥纹样的表述方法，并结合当前人们的审美进行创新设计练习。
3. 从装饰的角度思考吉祥纹样诞生的根源。

应景纹样

课题名称：应景纹样

课题内容：1．应景纹样的概念及表现形式

2．应景纹样的文化内涵

课题时数：2课时

教学目的：通过阐述应景纹样与我国社会民俗发展之间的关系，使学生了解应景纹样在大众生活中的应用表现形式，进而思考纹样艺术的社会价值和意义。

教学方法：讲授与讨论

教学要求：1．让学生了解应景纹样产生发展的社会文化背景。

2．使学生掌握不同节日所使用的应景纹样及其表现形式。

课前准备：从现实生活入手，搜集与节日相关的纹样，并分析其构成的形式及寓意。

第六章　应景纹样

第一节　应景纹样的概念及表现形式

一、应景纹样的概念

应景纹样，中国传统装饰纹样的一种。所谓“应景”有两层含义：一是为了适应当前情况而做某事；二是为了适合当时的节令。应景纹样取其后者之意，为了应和一定的节令而设计的装饰纹样，在明清时期应用最多。

明清时，统治者为了改变单调的宫廷生活，会模仿丰富多彩的民间活动和穿衣打扮，根据不同节令创造出一些符合节日气氛的应景纹样，以增加节日气氛，这类纹样多应用于补子和丝绸服饰面料当中。明代刘若愚在《酌中志》中详细地描述了当时宫中的风俗和随节令变换的应景补子以及应景纹样面料，可见应景纹样在当时的流行程度。应景纹样随时令节日而一年数变，不同的时令节日使用不同的应景纹样，如元宵节用“灯笼纹”、端午节用“艾虎五毒纹”、中秋节用“玉兔”“月亮纹”等，这与中国传统文化中的“天人合一”思想遥相呼应，也反映了人们顺应天时、祈福纳祥的民俗意识，与当时的民间风俗有着深厚的渊源关系，是我国民俗文化的物化表现。

二、应景纹样的主要表现形式

应景纹样多选用最具代表性的事或物组成的相应图像来象征某一节令，不同节令的纹样各有象征，但都离不开祈福纳祥的主题，体现了民俗文化的深厚内涵。

（一）正旦（正月初一日）

正旦，即春节，是明代的三大节日之一。每逢年节之际，无论宫内或民间都有热烈的庆贺仪式和民俗活动。正旦是一年之始，万物开始生长的时节，此时的应景纹样多以葫芦纹为主，葫芦也称壶芦、匏瓜。壶字是“壹”字的原形，《说文解字》解释“壹”：“从壶，吉声。”可见葫芦在这里表示“壹”，象征万物之始。老子《道德经》曰“道生一，一生二，二生三，三生万物”；《淮南子·原道训》亦曰“一立而万物生矣”；《汉书·董仲舒传》载“一者，万物之所从始也”。正因为如此，所以用葫芦景补子迎接正旦，代表了四时之始，与天时是相吻合的（图6-1～图6-4）。

（二）上元节（正月十五）

上元节，又称“元宵节”，传统习俗有赏月看烟花、观灯猜谜、吃元宵、舞龙灯等。据考，上元节观灯始于西汉时期，《史记·乐书》载：“汉家常以正月上辛祠太一甘泉，以昏时夜祠，到明而终。”汉武帝时谬忌奏请“祀太一”，因为太一是天神之最尊贵者，于是武帝在甘泉宫设立“太一神祀”，从正月十五黄昏起通宵达旦地在灯火中祭祀，便形成了这天夜里张灯结彩的习俗，并在中国各地流传。唐代《两京新记》：“正月十五日夜，敕金吾驰禁，前后各一日以看灯”。宋代则更为兴盛，据宋代《宋大诏令集》所记，“上元张灯，旧止三夜，今朝廷无事，区寓平安，况当年谷之丰，宜从士民之乐，具令开封府更放十七十八两夜”。灯笼纹是元宵节的应景纹样，又称“天下乐晕锦”或“天下乐锦”，常与蜜蜂、谷物搭配使用，寓意五谷丰登（图6-5）。灯笼纹样多见于宋元时期，宋时每岁皆有赐时服之举，给文武群臣将校赐以锦袍。《宋史·舆服志》：“中书门下、枢密、宣徽院、节度使及侍卫步军都虞侯以上，皇亲大将军以上，天下乐晕锦”，以下分别赐“簇四盘雕细锦”，再下为“黄狮子大锦”，再下为“翠毛细锦”等。可见天下乐锦在当时是属于最珍贵的丝织物。明清时期使用也广泛，后被列为“蜀十样锦”之一，可见其名贵，也反映了元宵观灯是官民同乐的节日（图6-6～图6-10）。

图6-1 葫芦景补子，明代，私人收藏

图6-2 葫芦景龙纹补子（前胸），明代，私人收藏

图6-3 葫芦景龙纹补子，明代，私人收藏

图6-4 红地刺绣万寿葫芦灯笼纹补子，明代，私人收藏

图6-5 灯笼景补子，明代，私人收藏

图6-6 灯笼锦局部，清代，北京故宫博物院藏

图6-7　灯笼纹妆花缎，清代，北京故宫博物院藏

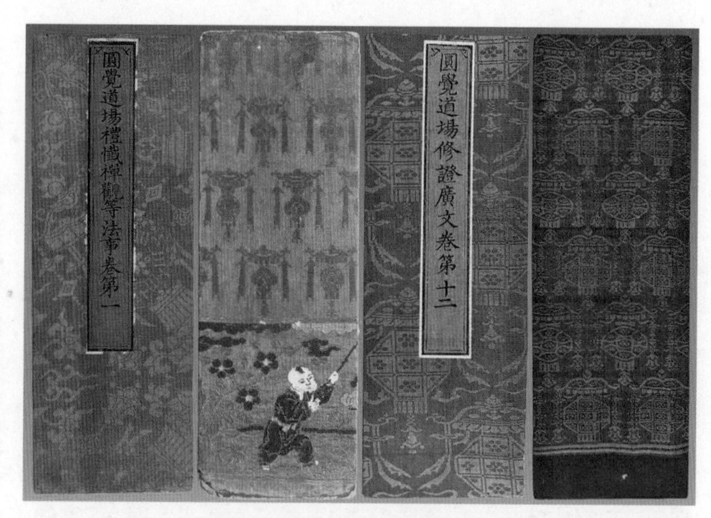

图6-8　葫芦灯笼纹织物，明代，北京故宫博物院藏

图6-9　灯笼纹锦，清代，清华大学美术馆藏

图6-10　织锦灯笼纹织物，明代，北京故宫博物院藏

（三）清明节（三月初一日）

清明节，时在冬至后第106日，是我国最重要的祭祀节日。明代也称“鞦韆节”（即秋千节），节时以荡秋千为乐，上至内苑，中至执宰，下至士庶，俱立秋千架，日以嬉游为乐。所以，与之应景的纹样是仕女荡秋千（图6-11）。据说秋千从北戎传入，原是汉代宫中的游戏，也是“百戏”的一种，当时称“千秋”，有祝寿之意，因此称清明为“千秋节”顺理成章。清明原无扫墓习俗，汉明帝清明祭扫祖坟后历代沿袭。

（四）端午节（五月初五日）

端午节，又称端五节、端阳节、龙舟节等，为每年农历五月初五。端午节的主要民俗活动有赛龙舟、吃粽子以及佩戴五毒纹饰等。因为五月是仲夏之月，天气渐趋湿热，疾病可能流传，蛇虫开始活跃，所以避祸禳灾是这一时节民俗活动的重要内容。其应景纹样为艾虎五毒纹，端午之际宫眷内臣均穿五毒艾虎补子，“五毒”即蛇、蝎、蜈蚣、壁虎、蟾蜍，“艾虎”即虎和艾叶。其中虎是驱邪的正面形象，五毒是邪毒的象征，如图6-12所示为北京定陵出土的艾虎五毒补子。

（五）七夕节（七月初七）

七夕节，又名乞巧节、七巧节、双七、香日、星期、兰夜、女儿节或七姐诞等，又有牛郎与织女鹊桥相会的传说。七夕节的主要民俗活动有妇女穿针乞巧、祈祷福禄寿、礼拜七姐、陈列花果与女红等。明代《万历野获编》云：“七夕，暑退凉至，自是一年佳候。至于曝衣穿针、鹊桥牛女，所不论也。宋世，禁中以金银摩睺罗为玩具，分赐大臣。今内廷虽尚设乞巧山子，兵仗局进乞巧针，至宫嫔辈则皆衣鹊桥补服，而外廷侍从不及拜赐矣。”此节应景的补子图案主要是表现牛郎和织女在鹊桥相会的场景（图6-13）。

（六）中秋节（八月十五）

中秋节，又称月夕、拜月节、团圆节等，时在农历八月十五。每逢佳节，无论宫内宫外，家家供月饼瓜果，月上后焚香拜月神，所以中秋节的主要民俗便是祭月、赏月、拜月、吃月饼、赏桂花、饮桂花酒等。应景纹样主要以天仙、玉兔组成，如图6-14所示为玉兔灵芝寿字补、图6-15所示为刺绣云龙纹玉兔补。补子上的天仙应是嫦娥，嫦娥与玉兔都象征月神。汉代及以前，多以蟾蜍象征月亮，并以嫦娥为月神，形如蟾蜍。《楚辞·天问》云，月中有“顾菟在腹”。《淮南子》则曰，姮娥（即嫦娥）“托身于月，是为蟾蜍，而为月精”。据闻一多考证“顾菟”即蟾蜍，但东汉王逸认为“顾菟”是

图6-11　仕女秋千补子，明代，北京故宫博物院藏

图6-12　艾虎五毒补子，明代，北京定陵出土

图6-13　刺绣牛郎织女鹊桥补子（一对），明代，北京故宫博物院藏

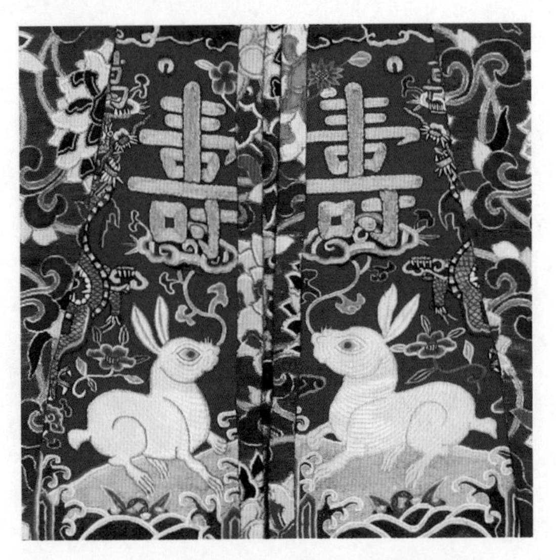

图6-14　玉兔灵芝寿字补，明代，定陵博物馆藏

图6-15　刺绣云龙纹玉兔补，明代，私人收藏

“顾望之兔”。汉人刘向则说“月中有兔与蟾蜍”。于是，蟾蜍和玉兔一起象征月神。到西晋时，月中仅有捣药的玉兔了，并从此把玉兔视为月亮的象征——月神。当时所说的团圆，主要指夫妻团聚。

（七）重阳节（九月初九）

重阳节源于春秋战国，时在每年农历九月初九，又称重九节，当今我们又称之为老人节。重阳节的主要民俗活动包括出游赏秋、登高远眺、赏菊饮酒、佩戴茱萸、吃重阳糕等活动，所以，茱萸、菊花是重阳节应景纹样的主要元素，如图6-16所示为明代红地洒线绣金龙重阳景菊花补子。菊花为中国人所关注较早，《礼记·月令》说“季秋之月，菊有黄华”，就是把菊花作为深秋的表征。古代把秋天称“菊天”，九月为“菊月”，重阳为“菊花节”。

图6-16　红地洒线绣金龙重阳景菊花补子，明代，私人收藏

（八）冬至（十一月）

冬至，又名“一阳生”，是我国农历中最重要的一个节气，所谓“阳生”，是十月的卦象为全阴，十一月卦象为一阳，即为“一阳生”，虽然冬至数九寒天开始，但也有阳气始生之意。与之应景的纹样有“九阳消寒”“三阳开泰”“太子骑羊”等，如图6-17所示为阳生补子。冬至节宫眷内臣穿阳生补子蟒衣，室内多挂“绵羊太子画帖”和“九九消寒诗图”。

图6-17　阳生补子，明代，北京定陵出土

图6-18　太子骑羊锦，明代，北京故宫博物院藏

此时以太子骑绵羊象征寒去春来，“羊”与“阳”谐音，太子身穿冬衣肩负梅花枝，预示寒将去春将来，如图6-18所示为太子骑羊锦。

第二节　应景纹样的文化内涵

应景纹样用不同的图形来象征节令，以与天时相应，是传统儒家“天人相通”“天人相类”思想的直接表现，它反映了人们顺应天时、祈福纳祥的思想，体现了“天人合一”的思想追求。

中国传统文化追求“天人合一”，视天为一切道德观念、法度和原则的本原，这也是中国人最基本的思维方式。这种顺应天时的思想对我国传统的服饰艺术和纹饰艺术有着深远的影响，周锡保在《中国古代服饰史》中，根据《汉书》的记载总结了西汉前期的帝王服饰，认为“当时尝令群臣议天子服饰，但也不甚明白，大抵以四时节气而为服色之别，如春青、夏赤、秋黄、冬皂”。东汉时则以“五时服”为朝服，《后汉书·舆服志》：“通天冠，其服为深衣制，随五时色……”所谓“五时色”就是春青、夏朱、季夏黄、秋白、冬黑。汉代董仲舒在《春秋繁露·四时之副》中写道：“王者配天，谓其道。天有四时，王有四政，四政若四时，通类也，天人所同有也。庆为春，赏为夏，罚为秋，刑为冬。庆赏罚刑之不可不具也，如春夏秋冬之不可不备也。”这种顺天应时、天人相应的理论往往具体化为服装的款式、纹样、色彩。天子冕服便是很好的典型，冕服不但以玄衣纁裳象征天地，还有十二旒、十二章纹来暗示“天数”。十二章纹的色彩则取与五行相应的“五色”（青、赤、白、玄、黄），“五色”又代表了东、南、西、北、中五个方位，象征国家一统，暗指天地之间、黄土之上唯此一人。

应景纹样的兴起与民俗活动的兴盛有极大的关系，是不同节日民俗活动的物化表现。宋代以来，随着社会生产力的发展，市民文化生活也得到了极大繁荣。到了明代，商品经济的发展使市镇如雨后春笋般兴起，以工商业者为主体的市民阶层日趋壮大，民俗活动也随之活跃，民间的节令风俗得到发扬。明代崇祯初年文人刘侗、于奕正撰写的《帝京景物略·城东内外·春场》就有不少记录。如正月元旦吃年糕、互相拜年；清明扫墓郊游；五月“五日之午前，群入天坛，曰避毒也”“无江城系丝段角黍俗，而亦为角黍。无竞渡俗，亦竞游耍”（角黍即粽子）；八月十五日祭月，“其饼必圆，分瓜必牙错，瓣刻如莲花”，卖月光纸，上绘月光遍照菩萨趺坐莲花，“花下月轮桂殿，有兔杵而人立，捣药臼中”，向月供拜后，焚月光纸；九月九日登高、食花糕；冬至“百官贺冬毕，吉服三日，具红笺互拜，朱衣交于衢，一如元旦”，民间“惟妇制履舄，上其舅姑”，贴“九九消寒图”。种种繁盛民间节令活动逐渐影响到宫廷生活，除织绣纹样外，明代晚期在各种宫廷用品的装饰中，也普遍出现了与节令相适应的应景纹样和大量的吉祥纹样，这是当时极为活跃的民俗活动在宫廷生活中的折射，也是中国封建社会晚期市民文化蓬勃发展的缩影。

思考与练习

1. 深入思考应景纹样与民俗生活间的关系，辨析中国传统纹样的叙事手法。

2. 根据当前中国传统节日的现状及大众审美需要，思考应景纹样传承与创新发展的新路径。

文字纹样

课题名称： 文字纹样

课题内容： 1. 文字纹样的起源与发展
2. 文字纹样的表现形式
3. 大气美观的形式美法则

课题时数： 4课时

教学目的： 主要阐述文字纹样的基本概念、基本形式与发展变化，使学生认识文字纹样的特点。

教学方法： 讲授与讨论

教学要求： 1. 让学生了解文字纹样的产生与发展。
2. 使学生掌握文字纹样的形式特征及其内在的审美寓意。
3. 使学生掌握从文字语言到图形符号的转变，并能结合流行趋势提出文字纹样创新应用的建议。

课前准备： 教师准备相关文字纹样的图片以及应用的实例图片，学生提前预习理论内容。

第七章　文字纹样

文字的出现，是人类发展的必然。它在理解效率、准确性和传播范围等方面弥补了人类语言的不足。《说文解字》云："仓颉之初作书，盖依类象形，故谓之文。其后形声相益，即谓之字。"汉字为象形文字，其"形"历经各种书体，在传言达意和书画艺术之外还兼具装饰之功，衍生出了意蕴深厚的文字纹样。本章重点探讨文字纹样的起源与发展、表现形式和形式美，展现出文字纹样在古代纺织品中的装饰作用和审美价值。

第一节　文字纹样的起源与发展

一、书画同源

文字的出现，很重要的原因是人类不满足于声言对心中意念的有限传达。其一，理解效率上听说不如眼见直观；其二，准确性上声言不如文字标准一致；其三，传播范围上声言不如文字广阔。先有语言，后有文字，这是不争的事实，但是文字并非一日即成，而是历经万载逐渐演化而来的。

由于汉字为象形文字，又历经各种书体，形成了极具视觉美感的艺术形象，与由原始图画而来的"画"同出于"形"，并且在排列布局、禅意气韵等方面具有诸多共性，在各自的发展轨迹中相互影响、互相支撑，因而将其称为书画同源。我国古代就有"秦八体书"之说。潘鲁生在《传统汉字图形装饰》中认为，研究汉字图形脱离不了汉字的起源与形成，汉字源于图画的说法更合乎情理。汉字的最初形态同样是人们记录实物的记号或图案，由此逐步简化、规范而形成象形符号，后经进一步发展才成为现代的汉字。其源头可以追溯到中国造型艺术之始，并伴随着中国艺术以形写意、以意表情观念的成长而成熟起来，成为字画同体的一种独特的造型艺术体系。汉字与埃及圣书字、苏美尔文字、克里特文字同为世界最古老的文字，同样经历了由图画到表意的过程，但仅有汉字在中国传统文化的滋养下沿袭着自己的发展轨迹，从甲骨文、金文、小篆、隶书到楷书，虽从具象转为抽象形体，但仍然保持着其象形特征和作用，而其他古象形文字则早已丧失了象形功能。

大量考古研究证明了汉字与绘画均源于"形"的关系。郭沫若先生在《奴隶制时代》

中认为，距今6000年左右的半坡遗址可以作为汉字起源的标志。其出土的彩陶上出现了锲刻的类似商周青铜器上的族徽式的符号。后来也证实彩陶上描绘的纹样与甲骨文、金文有着明显的关联。中国自古注重方位的概念，中央与四方的观念彰显出国家的地位和统治者的身份。“东”“西”“南”“北”，以及“山”“水”“日”“月”等文字均来自于对自然物象形态特征的描绘和凝练。先民从事物观察中逐渐积淀出最本原和最纯粹的直观认识，把自然之“形”演练成彰显中华文化的“书”与“画”。

二、文字纹样的发展与传承

文字纹样在西汉织物中出现，开始在历代纹样中崭露头角。由于西汉生产力大发展，促进了生产技术的提升，提花织机不断改进，从而极大地拓展了丝绸品种，创造出很多新颖纹样，突破了先秦纺织品以几何纹样为主的局限，大量蜿蜒流转的云气纹和动物纹成为主角。

（一）汉魏——文字纹样滥觞期

从西汉开始，文字纹样就被人们接受。它主要装饰在汉锦之中，并逐渐发展成一种有别于先秦的独特的装饰形式。汉代织锦的特色是经线起花，不像纬锦能够自如表现花纹。因此，汉锦中的文字纹样通常简洁朴实甚至稚拙，但却具有汉画像石上的图案那样的富有艺术的张力和视觉美感。文字本身没有刻意修饰，仅仅填充在整幅纹样的空白中，既不影响骨架结构，又能丰富画面内容，增加层次，并传情达意。

到了魏晋南北朝时期，文字纹样不仅延续了汉代风格，还更具装饰性。织锦上表现出的纹样结构更加讲究，骨架规整严谨。例如南北朝时期出土的“套环贵字纹”锦中，文字“贵”设计得十分工整，被安放在环环相扣的骨架内，并与套环内部其他纹样组合成极为整体的平面图案，似乎因西域文化的传入而比汉代多了几分装饰意趣。

（二）唐宋——文字纹样发展期

时至唐宋，文字纹样进入发展期。由于外来文化的深入影响，以及纺织科技的革新，经锦逐步被纬锦所取代，很多异域风格纹样涌现在织锦中，最典型的就是窦师纶设计的“陵阳公样”，即花树对兽纹。先人掌握了织出复杂精美纹样的技艺之后，也尝试在织物上使用文字纹样，取得了较明显的进步。

到了宋代，文字纹样的表现手法多样起来，除单独装饰之外，文字与花卉一起组合排列形成四方连续已屡见不鲜，体现出人们追求幸福生活的美好心愿。

（三）明清——文字纹样普及期

经过元代短暂真空之后，明清两朝达到文字纹样发展的鼎盛期。吉祥文化的深入人心使得传统服饰织物上的文字纹样繁荣起来，各种字体、各种骨架、各种结构、各种组合的文字纹样被广泛应用，摆脱了在装饰素材中始终配角的固定模式。例如清代“寿”字纹最为多变，传统文化强调的孝道促使“寿”字纹呈现出多种书写形式与多种组合方式，更由于其寓意长寿，所以深受统治阶层和民间百姓喜爱。

（四）民国——文字纹样转折期

民国时期，文字纹样发展可分为两个阶段。民初沿袭清代艺术风格，较为繁琐堆砌，自20世纪20年代中期开始，文字纹样开始出现西式元素，体现出摩登时代的风格特色。在西风东渐下，民国生活方式开始西化，人们的思想观念逐渐开放，文字纹样也随之呈现出清新流畅、简洁大气的新特征，字体变形生动活泼，色彩搭配多种多样，封建体制赋予的等级象征功能被弱化了。

第二节　文字纹样的表现形式

一、灵活多变的造型样式

（一）千变万化的“寿”字纹样

长生不老在中国古人心中地位崇高，在现存的织锦、服饰之中，“寿”字纹样的使用范围很广，从皇家服饰到民族、民间服饰，再到当今流行的唐装等，均遍及各地，无处不在。由此可见，人们对“寿”字纹样的装饰效果情有独钟。“寿”字是最早出现在传统织物中的文字之一，早在汉代就被人们章施于服饰织物之中。从汉代织锦上出现的“寿”字纹样上看，大部分都饱含吉祥寓意（图7-1❶、图7-2❷）。

唐宋以后，“寿”字纹样装饰进入发展鼎盛的明清两代。这一时期出现了各种形式、各种组合字体的“寿”字纹样。其中，最鲜明的变化就是字体的变体变形。明代服饰织物中

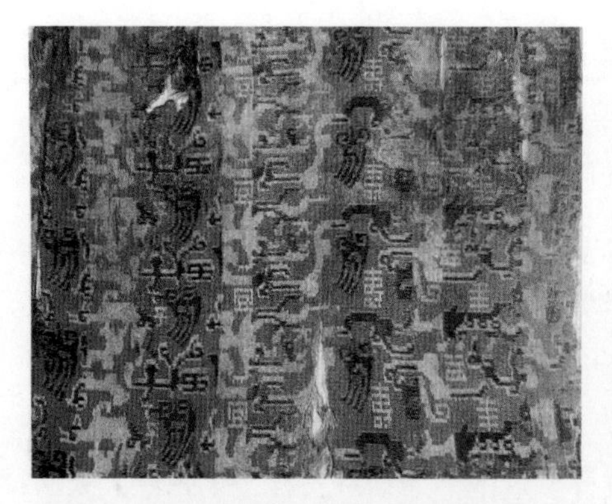

图7-1　“延年益寿大宜子孙”锦，汉代

图7-2　“富且昌宜侯王夫延命长”织成履，汉代

❶ 赵丰．中国丝绸通史［M］．苏州：苏州大学出版社，2005：125．

❷ 黄能馥．中国丝绸科技艺术七千年［M］．北京：中国纺织出版社，2002：75．

的“寿”字纹样均被施于主花正中或是正上方的位置，粗体繁写的“寿”字与主花一起组合成鲜明的主题纹饰。如与龙纹一起，寿字冠于龙纹的上方，显得大气磅礴、工整而有气势（图7-3~图7-6[1]）。

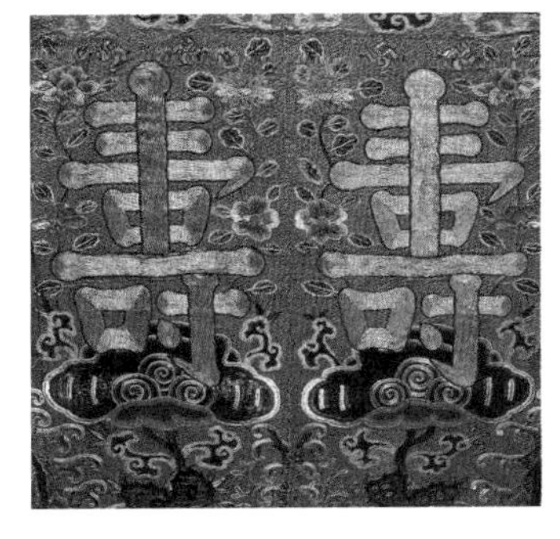

图7-3　寿上加寿纹刺绣，明代

图7-4　石青地平金寿字纹团补，清代

清代纹样风格较之唐宋更加精致繁缛，“寿”字纹也随之发展变化。“寿”字纹经常作为主花被置于画面的中心位置，周围常配衬如龙凤、百花等象征富贵长寿的精美图案；“寿”字纹也常常扮演底纹角色，呈四方连续或散点碎花来充实画面；抑或是几种甚至几十种不同变体的“寿”字组合成新的纹样，使服饰增添了几分贵气，体现出服饰主人的富贵地位（图7-7[2]、图7-8[3]）。

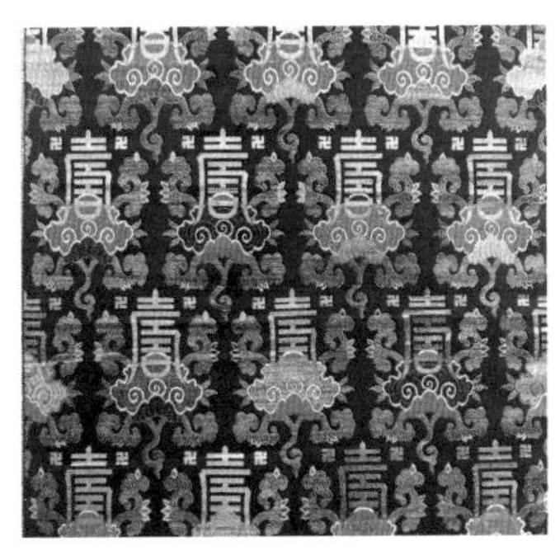

图7-5　万寿如意金长寿捻金纱，明代

图7-6　织金万寿如意妆花缎，明代

团寿字是清代最有特点的“寿”字变形体。这种以圆形为变体造型的“寿”字称为“团寿”，又称“圆寿纹”，寓意长寿团圆。团寿经常出现在清代织绣中，其极具装饰感的造型可以较为直观地展示吉祥寓意，人们

图7-7　八卦宝塔人物缂丝鹤氅，清代

❶ 黄能馥. 中国丝绸科技艺术七千年［M］. 北京：中国纺织出版社，2002：310，540.
赵丰. 中国丝绸通史［M］. 苏州：苏州大学出版社，2005：451，655.
❷ 黄能馥. 中国丝绸科技艺术七千年［M］. 北京：中国纺织出版社，2002：542.
❸ 同❷543.

图7-8　寿字纹刺绣补服，清代

乐此不疲地使用团寿纹，并不断地将其改进、创新，促使团寿字呈现出大约近百种的变体样式，成为清代最具特色的经典织绣纹样之一，以至民国时期一直延续（图7-9❶~图7-12❷）。

除了团寿之外，清代的寿字造型还流行一种方形寿字纹。方寿纹造型简约，笔画均衡，形态优美，这可能与便于织造的工艺因素相关（图7-13）。

以书法造型为图案的寿字纹也具有很强的装饰性。其形式分为两种：一种是单色平面造型，通常字体不大；另一种是字体内部填满其他纹样，字体较大，极为富贵大气（图7-14、图7-15❸）。

民国时期的“寿”字纹样，由于接受了西方文化潜移默化的影响，创造性地设计出了许多新造型，极具时代特色。对于字形的意匠和整幅画面的布局，都展现出了流畅生动的意境，充满了美感和时代感（图7-16❹）。

图7-9　团寿纹样，清代

图7-10　团寿纹样，民国时期，苏州丝绸博物馆藏

图7-11　五福捧寿纹，清代

图7-12　花草团寿纹，清代

❶ 陈之佛．云锦图案［M］．上海：上海人民美术出版社，1958：8．
❷ 黄能馥．中国丝绸科技艺术七千年［M］．北京：中国纺织出版社，2002：542，548．
❸ 黄能馥．中国丝绸科技艺术七千年［M］．北京：中国纺织出版社，2002：326，546．
❹ 赵丰．中国丝绸通史［M］．苏州：苏州大学出版社，2005：655．

（二）吉祥喜庆的“喜”字纹样

写到“喜”字，首先会情不自禁地与婚庆相联系。的确，红红的“喜”字让人浮想联翩，不论从文字结构，还是局部或整体字义，都透出了吉祥喜庆的气息，因而成为中国传统婚庆礼仪中不可或缺的一部分。“喜”字造型种类大致如下：一种是把两个“喜”字合并变成“囍”字，即双喜，多用于婚庆，寓意好事成双、喜上加喜；另一种是人们常见的单个“喜”字，通常与其他纹样组合应用；第三种是将“示”与“喜”合并，同构而成“禧”字，意为示喜，不过在古代生活中出现不多。但是，各种造型的“喜”字纹都具有大喜临门、喜事连连的美好寓意，在漫长的历史长河中被约定俗成为中华婚俗文化别具一格的标志（图7-17[1]、图7-18）。

图7-13　方寿纹样，清代，江苏工程职业技术学院藏

图7-14　福寿双全

图7-15　寿添富贵

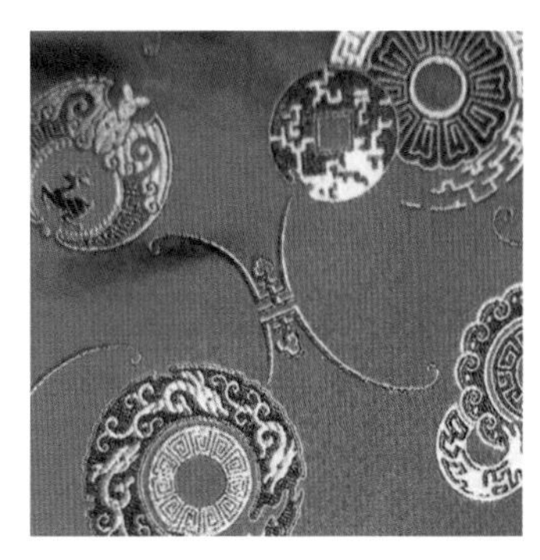

图7-16　长寿字纹，民国时期

图7-17　喜字并蒂莲妆花缎，清代

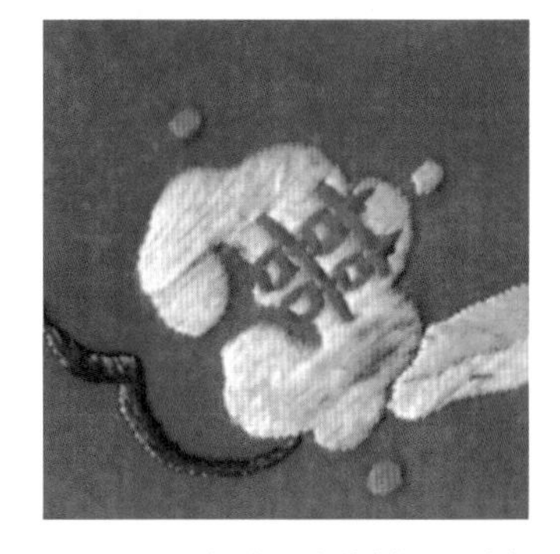

图7-18　如意双喜纹刺绣，引自《锦绣文章：中国传统织绣纹样》第571页

“囍”字除了讨喜、喜上加喜外，其外形也颇受欢迎。“囍”字结构左右对称，笔画横平竖直，不论是在机绣还是手绣织物中都极易使用。民间织绣中的“囍”字写法在许多局部进行了变形（图7-19）。其中非常特殊的一款，就是把“囍”字重新拆分，上面写成两个“吉”字，中间笔画连起，下面是两个“口”字，寓意为吉从口出，大吉大利（图7-20、图7-21[2]）。这类“囍”字在婚嫁用品中大量出现，如婚嫁服饰、被褥、被单、枕顶中常常能发现被装饰起来的它们（图7-22）。

[1] 高春明．锦绣文章——中国传统织绣纹样［M］．上海：上海书画出版社，2005：572.

[2] 高春明．锦绣文章——中国传统织绣纹样［M］．上海：上海书画出版社，2005：573，574.

图7-19 在各服饰上的双喜字纹，江苏工程职业技术学院藏

（三）“福”“禄”“贵”等文字纹样

“福”，即指福气、幸福。由于幸福在每人心中衡量标准的差异，造成表达幸福的方式多种多样。将“福”字直接织、绣在服饰织物上，能够准确直白地传达出人们追求幸福的最本质需要，还可以寄托人们对美好生活的祝福和希望。“福”字字体造型的变化，以及与其他纹样不同的组合方式，也都体现出人们在不同时期的境遇和对幸福渴求的

图7-20 双喜字扇袋，江苏工程职业技术学院藏

图7-21 双喜字分饰女服，江苏工程职业技术学院藏

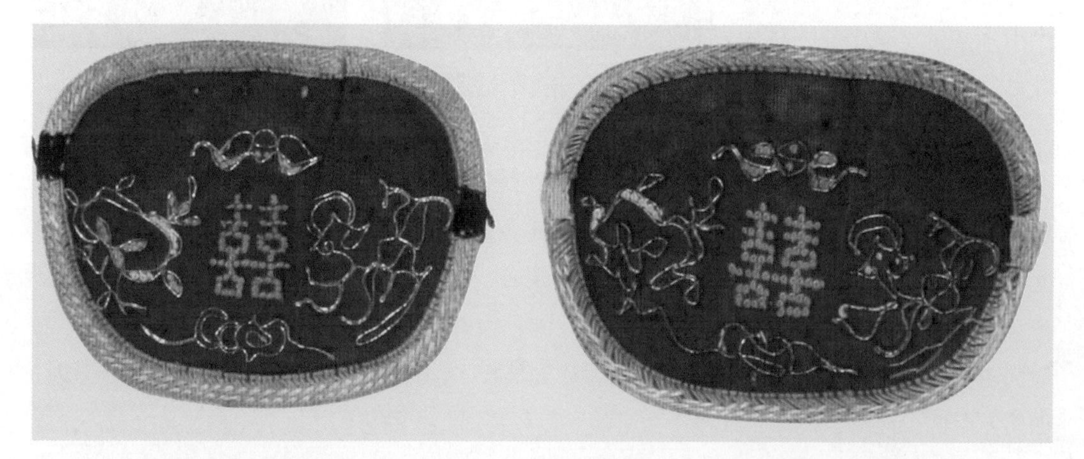

图7-22 各种服饰配件上的双喜字纹样，江苏工程职业技术学院藏

程度。“福”字纹样的主要装饰手法是呈组合形式出现的，字体方正，适合很多纹样骨架，可以与其他纹样一起较为容易地安置在需要的部位，毫无突兀之感，较之其他纹样更具视觉美感和深刻意义（图7-23）。

图7-23 福字纹样，私人收藏

“禄”，意即古代官员的财产收入。“禄”意味着升官，升官预示着发财。由于古代高官厚禄是人们学而优则仕的主要目的之一，所以“禄”字纹样在民间服饰织物中出现的较多，直接反映出人们改变自身命运的迫切心情。当然，“禄”也寓意幸福，它在人们心中代表吉祥、美好的涵义，所以经常与“福”字共同出现（图7-24[1]）。

“贵”字纹饰的织锦早在魏晋时期就已出现，后来多与“福”“寿”等文字纹样组合呈现。图7-25[2]中所示的是清代“富贵万寿多福”纹荷包，画面中不同文字上下依次排列，“万”与“寿”组合，“福”与“富”均横向复制，字体较小，唯黑色的“贵”字单独装饰在下部，浑厚饱满，凸显出荷包的“贵”气身份。

图7-24 禄字纹样

图7-25 贵字纹样

二、丰富多样的组合方式

（一）文字与花草纹样

花草纹样是一种适应范围极为广泛的重要题材，无论古今中外、各个民族地域都历久不衰，是广大人民喜闻乐见的纹样种类。先秦时期，较为具象的花草纹样出现不多，然而时至南北朝，随着佛教的传入和纺织技术的进步，造型复杂、蜿蜒旋转的花草纹样开始在服饰织物中崭露头角，而几何纹、动物纹的比重随之缩小。唐代花草纹极为盛行，最典型的是“唐草”纹样，涡卷连续的骨架和极富装饰性的艺术效果影响了周边很多国家，可谓

[1] 高春明．锦绣文章——中国传统织绣纹样［M］．上海：上海书画出版社，2005：496．

[2] 高春明．锦绣文章——中国传统织绣纹样［M］．上海：上海书画出版社，2005：568．

盛世之标识。花草纹样到宋元明清时达到鼎盛，品种、造型、技法均更加多元和普及，有些符号化的表现形式至今依然大受欢迎。在文字纹样与花草纹样结合的装饰形式中，较为常见的花草纹有牡丹、莲花、兰花、月季、玉兰、松、竹、梅、菊等，还有很多变形花卉更是不胜枚举。图7-26~图7-32[1]是较为典型的文字与花草组合的装饰纹样。

除了花卉植物外，果实也经常与文字搭配组合，如桃子、葫芦、灵芝、佛手、石榴等（图7-33~图7-36[2]）。其中，福寿三多纹较为多见。三多纹又称"华封三祝"，即以桃子、石榴、佛手为元素，环绕"福"字组成。桃子暗喻长寿，佛手谐音为"福"，石榴象征多子，故整个纹样寓意长寿安康、多子多福。葫芦纹的使用和寓意也与此类同。

图7-26 菊花顶寿纹

图7-27 福字小花纹

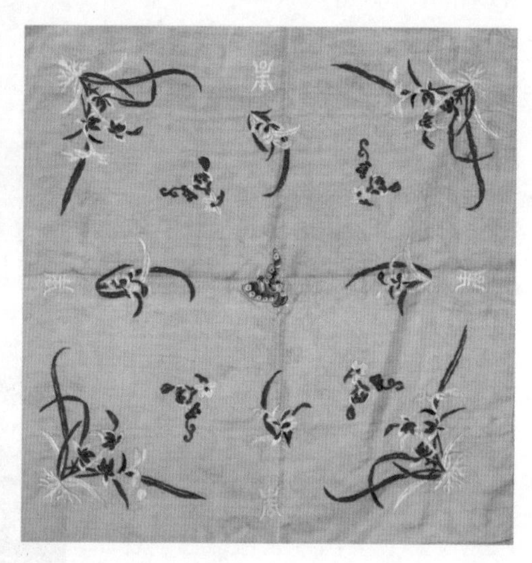

图7-28 寿字兰花纹

图7-29 寿字杂花纹

图7-30 万字菊花纹

图7-31 双喜莲藕纹

❶ 高春明. 锦绣文章——中国传统织绣纹样［M］. 上海：上海书画出版社，2005：548，440.
赵丰. 中国丝绸通史［M］. 苏州：苏州大学出版社，2005：555-556.

❷ 黄能馥. 中国丝绸科技艺术七千年［M］. 北京：中国纺织出版社，2002：310，306，348.
赵丰. 中国丝绸通史［M］. 苏州：苏州大学出版社，2005：654.

（二）文字与动物纹样

动物纹样曾经是中国传统服饰织物中的装饰主角，秦汉时期达到顶峰，后在魏晋时期逐渐让位于花草纹样。动物纹样是最早与文字纹样组合装饰的纹样之一，早在汉锦中就已出现。汉锦以动物纹居多，常在动物纹中加以文字铭文，此乃汉锦除经线起花之外的另一大特色。以“五星出东方利中国”锦为例，画面中布满了磅礴的山岳与奔腾的瑞兽，其间空白处青底白色赫然织就八个汉隶文字，颜色瑰丽，寓意吉祥。汉代的“韩仁绣锦”“延年益寿锦”等，也都是文字与动物纹样组合的典型案例。在服饰织物中与文字纹样搭配出现的动物纹样，一般是中国古代的祥瑞之兽或神话中的守护之神，如龙、凤等；或者是取其谐音明表或暗表的动物，如蝙蝠、象、鹿、蝴蝶等。

龙是古代神话传说中的灵异神兽，呼风唤雨，无所不能。因此，龙在封建时代彰显着帝王的等级地位，象征至高无上的皇权。历代皇帝及皇家服饰织物都主要装饰龙纹，只不过根据等级高低数量不同而已。凤凰

图7-32　万寿牡丹纹

图7-33　万福寿桃纹

图7-34　万寿葫芦百事如意大吉纹

图7-35　寿桃纹样

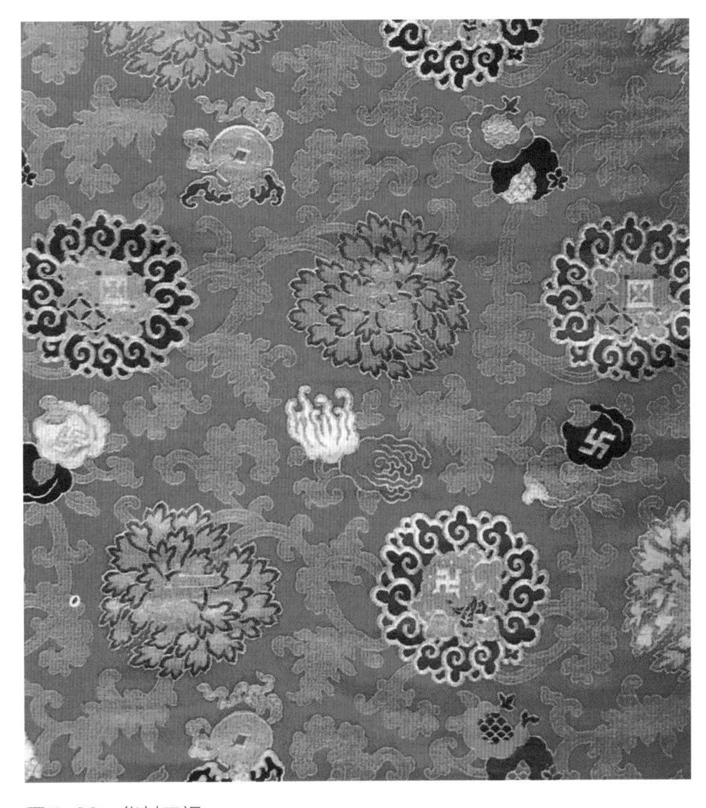
图7-36　华封三祝

图7-37 正龙寿字纹

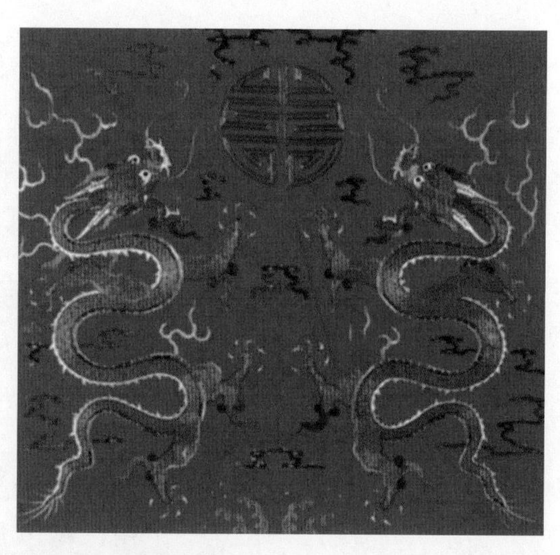

图7-38 双龙捧寿纹

图7-39 凤凰寿字纹，苏州丝绸博物馆藏

图7-40 龙凤寿字纹，苏州丝绸博物馆藏

也是神话传说中身披鲜艳羽毛和优美形体的一种瑞鸟。从古至今，凤凰形象一直传递着喜庆美好的吉祥寓意，深深地留在民间百姓的心目中，给后人以无限遐想（图7-37[1]~图7-40）。

蝙蝠，又名仙鼠、飞鼠。因“蝠”谐音“福”，因而被看作是吉祥动物，寓意福气。常见的表现形式多用五只蝙蝠环绕“寿”字组合，寓意“五福捧寿”（图7-41）。进入民国之后，由于受到西方设计风格的影响，设计观念随之发生转变，关于蝙蝠纹样的组合形式，不再只是围绕着寿字，而是跳出包围，或点缀旁边，或穿插其中，带来了强烈的动感和韵律（图7-42）。

在民间，鱼因为其谐音“余”而被寓意年年有余。如图7-43中所示的鱼戏莲纹活泼生动，下部搭配“福禄寿星”文字，画面尽显雅致喜气。此外，还有蝴蝶、仙鹤、鹿等瑞兽与文字组合的吉祥纹样（图7-44）。

（三）文字与几何纹样

几何纹样是一种最为常见的艺术样式，早在新石器时代的彩陶上就装饰了极其生动、极富韵律的几何纹样。与瓷器、金银器、漆器、木刻、蜡染等其他工艺美术种类一样，几何纹样很早便装饰在服饰织物上。几何纹要么浮于面料上完整明显，要么作为分割画面的骨架隐于画面，不论单独

[1] 赵丰．中国丝绸通史［M］．苏州：苏州大学出版社，2005：654．
高春明．锦绣文章——中国传统织绣纹样［M］．上海：上海书画出版社，2005：67．

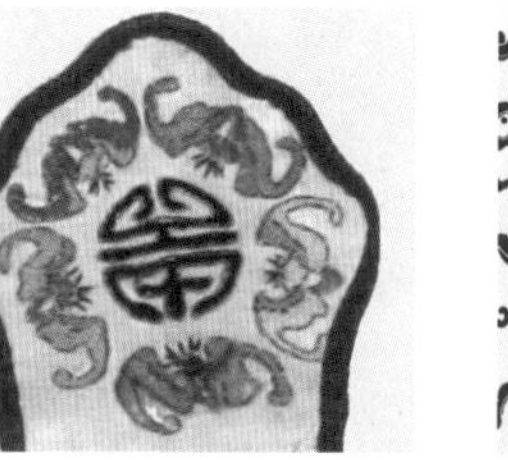

图7-41 五福捧寿纹样，清代，江苏工程职业技术学院藏

图7-42 福寿纹样

图7-43 “福禄寿星”鱼戏莲纹，私人收藏

图7-44 寿字纹刺绣鹤裳，引自《锦绣文章：中国传统织绣纹样》第542页

还是组合，均是中国传统服饰织物的常见形式，深受喜爱。图7-45[1]所示为两种几何骨架托文字纹样的组合样式。

（四）文字与吉祥纹样

1. 暗八仙与文字装饰的组合

八仙是古代民间传说——八仙过海中的八位仙人。他们各持一件仙器，因人物表现复杂

图7-45 几何骨架托文字纹样，江苏工程职业技术学院藏

[1] 黄能馥. 中国丝绸科技艺术七千年［M］. 北京：中国纺织出版社，2002：310.

图7-46 寿字与暗八仙纹样组合

困难，遂改用八件仙器暗喻八位仙人，故称暗八仙。它与“八仙”纹同样蕴涵长寿吉祥之意。暗八仙分别是吕洞宾的宝剑，可镇邪驱魔；张果老的渔鼓，能占卜人生；铁拐李的葫芦，可救济众生；汉钟离的扇子，能起死回生；韩湘子的洞箫，使万物滋生；蓝采和的花篮，能广通神明；曹国舅的笏板，可净化环境；以及何仙姑的荷花，能修身养性。图7-46[1]所示的便是“寿”字纹与暗八仙的组合。

2. 盘长纹、如意纹与文字装饰的组合

盘长纹是中国传统吉祥装饰纹样的一种。为绳带形线条有规律的穿插，而又连绵不绝、回转流长，既具有装饰美的特点，又寓意回环贯彻，含有长久永恒之意。它常常与同样象征连绵不断的“寿”字纹（图7-47[2]）、“喜”字纹组合，寓意万代连绵。除了盘长纹，八吉祥纹也常与“寿”字组合，寓意吉祥（图7-48）。

图7-47 福寿盘长纹样

图7-48 寿字八吉祥纹样，江苏工程职业技术学院藏

[1] 赵丰．中国丝绸通史［M］．苏州：苏州大学出版社，2005：553.
黄能馥．中国丝绸科技艺术七千年［M］．北京：中国纺织出版社，2002：329.

[2] 中国纺织品进出口公司．中国绸缎［M］．北京：中国纺织品进出口公司，1970：12.

如意是以灵芝为原型，经过不断演变而成的吉祥之物。由于它原生的神秘灵性和名贵药性，以及与祥云相似的造型，所以人们把仙、灵、祥的祈求都赋予灵芝上，表达如意满足的喜悦之情。如意纹与文字纹样组合，能够更加突出吉祥的涵义。如意与“寿”字组合，寓意长寿如意；与双喜字组合，寓意如意双喜；与“卍”字组合，寓意万事如意等（图7-49）。

图7-49　长寿如意纹样，江苏工程职业技术学院藏

（五）文字与文字纹样

文字与文字纹样在笔者所搜集到的资料中，大部分是纯文字装饰组合的。它们的排列组合方式有多种：有些是横平竖直整齐地排列，有些是规律地散点排列，也有些是无规则地随意排列。而在字体的组合方式上，有些是同种文字的不同装饰字体组合，有些是多种文字装饰字体的组合。文字与文字的组合形式多种多样，图案装饰变化各异，寓意明显深刻。

当想象一幅纹样中只出现文字装饰时，人们或许会觉得这样的图案显得单调乏味，但通过抽象、排列、重复等方法的装饰，也可以把整幅纹样表现得丰盈饱满、细致耐看。而文字组合的形式也分几种，一种是同种文字的不同变形组合。如图7-50所示的是同一种圆寿字整齐规律的排列，产生了一种宁静、安逸的秩序感和韵律感。而图7-51[1]所示的是几个不同形式的寿字散点组合，不规则的散点、随意的安排，使纹样看上去简洁清新。

图7-50　规整寿字纹，苏州丝绸博物馆藏

[1] 高春明．锦绣文章——中国传统织绣纹样［M］．上海：上海书画出版社，2005：542．

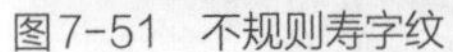

图7-51 不规则寿字纹

图7-52 万喜万福刺绣褡裢，私人收藏

参见图7-25是基本全由文字装饰构成图案的一个刺绣褡裢，分别绣有“福”“寿”“富”“贵”的字样，“福”和“富”分别是以多字组合成花边的形式出现，“寿”和“贵”则以大大的变形体和美术字体填补了剩下的空白。而图7-52所示的荷包花样也完全是由文字装饰组成的。“卍”字与“福”字和“喜”字按照蜂窝形骨架组合在一起，形式饱满，寓意吉祥。

第三节 大气美观的形式美法则

一、抽象变形

抽象，是指透过事物表面，抽取其中最本质的特征元素，并大胆舍弃与其他事物共性之处的艺术方法。变形，是指艺术家根据创作的需要，有意识、有目的地改变装饰素材的原貌，并以新的造型样式再现的艺术方法。常见的变形手法有夸张特征、改变比例、错位组合、拟人拟物等。文字纹样运用抽象变形的概率很大，如“寿”“福”“喜”等单独文字装饰，抽象变形可达几十种甚至更多，艺术效果极为生动活泼（图7-53[1]）。

---

[1] 黄能馥．中国丝绸科技艺术七千年［M］．北京：中国纺织出版社，2002：326.

图7-53　抽象变形的文字纹样，江苏工程职业技术学院藏

二、条理与反复

条理，是指将纷繁芜杂的自然物象，经概括、归纳后，以规范化、秩序化的崭新形式表现出整齐划一的艺术美感。反复，是指各要素在规格范围内的重复出现。视觉艺术魅力的产生往往凭借反复出现的视觉要素达到目的，它能够使人产生视觉时空的反复变化。这种变化直接作用于人的心理，从而产生不同的情感。条理与反复是构成图形整体秩序美的基础，是在变化中求得统一，在运动发展中协调一致的表现方式。图7-54[1]所示的纹样中，我们只看到了两种不同的寿字纹的重复排列，而就是这种简单重复的排列填充，给了纹样一种宁静安详的氛围。

图7-54　双“寿”字纹样

三、重点与主次

重点，是指视觉要素中引人注目的视觉中心，它一般是纹样的主角、重心和主题，或

[1] 陈之佛．云锦图案［M］．上海：上海人民美术出版社，1958：8．

图7-55 万字双喜纹样

是心理上感情表达与关注的中心。在一般纹样中，构成的其他要素往往受重点所支配，所谓主宾关系、主次关系以及衬托等手段，都从属于重点而设置。因此，图案的主次也显得非常重要，恰当合理地把握好主次关系，可以使得纹样看上去更加和谐、更具美感。如图7-55[1]所示，当中的红色“喜”字是其纹样中的重点，无论是从形状大小、色彩各方面都可以看出，而背景中连续不绝的“卍”字曲水则在画面中起到了衬托作用。

四、对称与均衡

对称，是指要素的物理量(如形的大小、多少、形状、色彩等)在空间的上下或左右等方面的同一对等，它是自然之美的最基本构成原理之一。对称能产生安静、稳定、永恒的美感，属于静态平衡。均衡，是指中轴线或中心点上下左右的纹样等量不等形，即不同纹样和色彩形成相同分量，依中轴线或中心点保持力的平衡。在服饰织物纹样设计中，这种构图生动活泼富于变化，具有变化美，属于动态平衡。图7-56[2]所示就是以对称为构图的纹样，不光是龙纹、“寿”字纹左右对称，连“卍”字纹也区分了左旋和右旋，使其左右对称，这样严谨的构图呈现出一种庄重感和威严感。

图7-56 对称升龙顶寿纹大氅

思考与练习

1. 结合实际图例分析文字纹样与书画之间的渊源关系。
2. 阐述文字纹样的审美特征。
3. 请结合实际，阐述文字纹样在当今纺织品面料上的应用形式及意义。
4. 请结合流行趋势试述如何对文字纹样进行创新发展。

[1] 赵丰．中国丝绸通史［M］．苏州：苏州大学出版社，2005：556.
[2] 高春明．锦绣文章——中国传统织绣纹样［M］．上海：上海书画出版社，2005：67.

天象纹样

课题名称：天象纹样

课题内容：1. 日、月、星辰纹样

2. 云纹

3. 十二章纹

课题时数：4课时

教学目的：通过对天象纹样的讲解，让学生认识先民们对外部世界的思考和表现方式，理解中国传统文化所追求的人与自然和谐统一的“天人合一”精神。掌握天象纹中的日、月、星辰、云、雷等代表性装饰纹样。

教学方法：讲授与讨论

教学要求：1. 了解天象纹样在纺织品上应用的历史及方式。

2. 掌握天象纹样的文化内涵。

课前准备：学生提前预习课程内容，并思考当今天象纹样与传统天象纹样在应用上的异同。

第八章　天象纹样

天象，一般是对天空发生的各种自然现象的泛称，如日、月、星辰及其运行轨迹等，古人常以此占吉凶。《易·系辞上》记载有“天垂象，见吉凶，圣人象之”；唐代刘知几《史通·书志》中讲到“必为志而论天象也，但载其时彗孛氛祲，薄食晦明，裨灶、梓慎之所占，京房、李郃之所候”；清代昭梿《啸亭杂录·年羹尧之骄》也有“年默然久之，夜观天象，浩然长叹曰：‘事不谐矣。’”的记载。

天象纹主要是以天空中存在的日、月、星辰、云、雷等为元素的装饰纹样，天象纹样起源甚早，是先民有意识地对外部世界的思考和表现，是原始世界观的直接体现，体现了中国传统文化中天人合一的精神追求，在传统织绣纹样当中也极为常见。

第一节　日、月、星辰纹样

一、日、月、星辰纹样概述

日、月、星辰是自然界中现实存在的自然天象，也是历来先民们崇拜的自然对象，在我国传统文化中具有极其重要的地位，我国民间也有众多关于日、月、星辰的神话传说，如夸父逐日、后羿射日、嫦娥奔月、吴刚伐桂、二十八星宿等。

日，《说文解字》解释：“日，实也。太阳之精不亏。从口、一，象形。”古代对太阳的称谓较多，《广雅》中记载：“日名耀灵，一名朱明，一名东君，一名大明，亦名阳乌。”据说日乘车，驾以六龙，羲和御之。古人认为日中有三足乌。《淮南子》载“日中有踆乌”；东汉高诱注“踆，犹蹲也，谓三足乌”；汉代张衡的解释是“日者，阳精之宗。积而成乌象，乌而有三趾。阳之类，其数奇”。所以在古代的纹样中，常用三足乌来表示太阳，也称“金乌”，如唐代韩愈诗云：“金乌海底初飞来”。

月，《说文解字》解释为：“月，缺也，太阴之精，象形。”；刘熙《释名》解释为“月，缺也，满则缺也”。此外，西晋虞喜在《安天论》中讲道：“俗传月中仙人桂树，今视其初生，见仙人之足，渐已成形，桂树后生焉。”可见，月亮也常与桂树相联，如有“桂殿月偏来”“长河上月桂”等诗句。在古代的神话传说中，人们还用蟾蜍、玉兔来代表月亮。汉代刘向《五经通义》载："月中有兔与蟾蜍何？月，阴也；蟾蜍，阳也。而与兔并明，阴系阳也。"

星，在《说文解字》中解释为"星，万物之精，上为列星"；北齐颜之推的《颜氏家训》中载"日为阳精，月为阴精，星为万物之精"。星在古人的生活中具有重要地位，人们常根据星象预测人事吉凶。我国古代的天文学家根据星象的分布，把周天分为二十八个星座，称为二十八宿，即东西南北四方各七宿。东方青龙七宿：角、亢、氐、房、心、尾、箕；北方玄武七宿：斗、牛、女、虚、危、室、壁；西方白虎七宿：奎、娄、胃、昴、毕、觜、参；南方朱雀七宿：井、鬼、柳、星、张、翼、轸。我们日常生活中所常见的北斗星，由七颗明亮的恒星组成，第一天枢，第二天璇，第三天玑，第四天权，第五玉衡，第六开阳，第七摇光。第一至第四为魁，第五至第七为杓（柄），合之为斗，居阴布阳，故称北斗。

图8-1　帛画，汉代，湖南长沙马王堆一号汉墓出土

日、月、星辰在我国传统纺织品上出现较早，如汉代帛画上就出现了日、月、星辰的纹样，太阳是红色圆内画一只鸟，月亮则是玄月上画一只蟾蜍，日月一起代表天的意思（图8-1）。自周朝开始沿用的十二章纹中，日、月、星辰也是其主要元素，使用有着严格的规定，而且有着深厚的政治和文化寓意，是中国传统服饰文化的代表（图8-2）。日、月、星辰作为装饰元素也是我国少数民族常用的纹样，如彝族、藏族、纳西族等。

二、日、月、星辰纹样的应用

日、月、星辰纹样在传统纺织品上应用的典型代表当数"十二章纹"，"十二章纹"是我国古代帝王专属的冕服纹样，也是中国古代封建帝制下在服饰上区分等级的一个符号，主要包括日、月、星辰、山、龙、华虫、宗彝、藻、火、粉米、黼、黻十二种元素，统称"十二章"。其中日月造型都是圆形，日内饰有一鸟，月内饰有一兔，以示区别，星辰则用三个原点表示 。

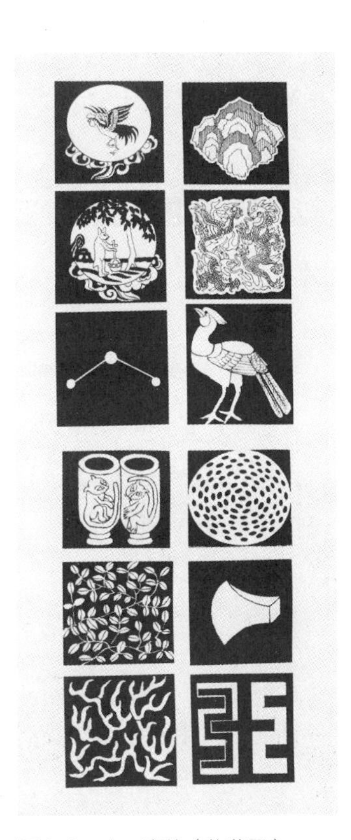

图8-2　十二章纹（临摹图）

"十二章纹"中的日、月、星辰纹样在服饰上应用的具体位置有严格的规定，按照《隋书・礼仪七》载，隋大业元

图8-3　十二章纹龙袍，清乾隆，悉尼动力博物馆藏

图8-4　武官四品补子，清代，私人收藏

图8-5　缂丝如意云月兔纹方补，明代，私人收藏

年，隋炀帝诏定章服之制，并规定了十二章纹在皇帝“衮冕”上的具体位置：“于左右髆上为日月各一，当后领下而为星辰，又山龙九物，各重行十二……衣质以玄，如山、龙、华虫、火、宗彝等，并织成为五物：裳质以纁，加藻、粉米、黼、黻之四。衣裳通数，此为九章，兼上三辰（指日、月、星），而备十二也。”可见日、月分别位于两肩之上，左肩挑日，右肩载月，星辰则位于后背，有“肩挑日月，背负星辰”之意，象征着皇权至上，这也成为我国历代皇帝冕服的既定样式。中国古代帝王冕服上的“十二章纹”历史悠久，前后绵延近两千年，历朝历代的“舆服志”中都有记载，但流传下来的实物较少。如图8-3所示的缂丝十二章纹衮服，在这件龙袍上共有八团龙，分别织于两肩和前后襟上。另外，两肩织日、月，背织星辰、群山，两袖饰华虫。宗彝、藻、火、粉米、黼、黻六种纹饰分别列于前后襟团龙两侧，共列十二章纹，与明制符合，是十二章纹应用的典型范例。

日、月形象除了在十二章纹中应用外，也是明清时期的补子纹样中的重要元素。太阳主要出现在明清文武官员补子里，一般位于补子的左上角或右上角，象征着永恒、光明，也寓意为“皇帝”，因为皇帝又号称“天子”，有天上太阳的意思。补子中的祥禽瑞兽都头向着太阳，暗喻文武百官诚服于天子，体现了君臣等级制度（图8-4）。月亮主要出现在明清时期中秋节的应景补子中，常常与玉兔、桂花、菊花、云纹搭配，与中秋赏月的习俗相映衬（图8-5）。

三、日、月、星辰纹样的文化内涵

《道德经》中讲道：“人法地，地法天，天法道，道法自然。”“天之道，损有余而补不足。人之道，则不然，损不足以奉有余。”古人认为自然是一个大天地，而人则是一个小天地，只有这两个天地融合为一体，顺应自然规律，才能达到天人合一的境界，从而达到人与自然的和谐长存。《庄子·达生》中也讲道："天地者，万物之父母也"。由此可见，若能领悟天地之道，便可窥视宇宙一斑，便能立于久盛不衰之势。日、月、星辰纹样皆取自于自然，是自然中人们所能见之物，人们赋以具体之形应用于帝王冕服之上，在古人看来，这是拉近了人与神明之间的距离，代表了神明之意，表现了人与自然融合的意愿。"十二章纹"中的日、月、星辰代表着三光照耀，象征着帝王皇恩浩荡，普照四方。宋人蔡沈在《注尚书》中解释说："日、月、星辰，取其照临也"，所表现的正是封建时代帝王所追求的人与自然及神明相互融合的天人合一之道，人化于自然之中、化于天下大道之中，自然也化于人之中，并在对自然、神明敬畏的同时又取其吉祥明断之意来提醒自己应为如此，或者期盼达到如此。

日、月、星辰纹样的应用也是我国封建等级制度的体现，具有鲜明的阶级意识、丰富厚重的政治内容以及生动的文化象征意义。在作为帝王服饰图案使用时，其象征了皇帝是天地间的主宰者，其权力像天地一样伟大且永恒，万物蕴涵承载于其中，又仿佛日月星辰一样光芒万丈，四面八方皆处于其照临之内。

第二节　云纹

一、云纹概述

云，自然科学解释为一种大气的物理现象，其形成是由于水蒸发形成水蒸气，水分子又在上升运动中逐渐体积膨胀，随着温度降低，最终以云滴形态构成云体，悬浮于空中。云与风、雨、雷、电等众多大气物理现象息息相关，瞬息万变，可以形成各种各样的形状。古人看来，云是一种吉祥物，是天的象征。《易经》中讲"云从龙，龙起则云生"，运行天中；《春秋元命苞》中讲"阴阳聚而为云"；《河图帝通纪》中也讲"云者，天地之本也"。云不仅直接反映天气形势，古人还能通过云预测未来的发展趋势，认为云的运动形态体现着大自然的生机造化，关系着世间万物的生成与发展。《周礼·春官·保章氏》中讲"以五云之物辨吉凶，水旱降丰荒之祲象"；《礼统》中讲"云者，运气布恩普博也"；《史记·天官书》中有"庆云见，喜气也"；《礼斗威仪》中有"景云景明也，言云气光明也"；南北朝孔稚珪的《北山移文》中也有"度白雪以方洁，干青云而直上，吾方知之矣。"青云直上也被用来形容步步高升。所以，古代将云与日月星辰同列，以显示其重要地位。

云纹在我国装饰纹样中历史悠久，在瓦当、青铜器、漆器、画像石、画像砖、壁画、帛画、服饰、刺绣及各种工艺美术上都有着非常广泛的应用，其丰富的视觉形象、独特的韵律美和意境美，与我国先民的日常生活以及思想观念有着极为密切的关系。其造型也随着人们对大自然认识的加深和主观意识的加强，逐渐脱离自然云的形态而变成形式上优美、象征性强、寓意吉祥的装饰性纹样，以符合人们的精神和情感需求。

二、云纹的发展演变

中国传统云纹纹样经过了几千年的发展演变，大体可分为具象写实阶段、发展变化阶段、程式化阶段三个时期，每个时期的云纹都融入了各自的时代元素，体现出不同的时代特色，云纹也正是以其多元化的时代造型姿态显示出它的博大精深和无限魅力。

（一）具象写实期

云纹最早在商周时期已经出现，此时的云纹以抽象的几何形云雷纹为主。云雷纹是云纹和雷纹的合称，统称为回纹。云，在《说文解字》中解释为“山川气也。从雨，云象回转之形”，所以古文云字为涡旋形。雷，在《说文解字》中解释为“阴阳薄动，雷雨生物者也”。所以，古代的云和雷是有区别的。即以圆形为云纹，方形为雷纹；云为云气之形，雷为回转之声，均作旋转状，而以回纹统称。此时的云雷纹造型简练、概括，强调夸张和变形，主要以直线、曲线来塑型，是原始的审美意识和纺织技术下的产物，主要应用于青铜器及纺织物的装饰。

秦汉时期是云纹应用的鼎盛时期，此时的云纹主要有写实的云气纹、卷云纹、云兽纹等，并常常与动物图案、人物图案搭配在一起。云纹常作为纹样组织的骨骼来分割画面，使整体形成大小不同的若干装饰区，以产生艺术的变化。再在云气纹舒卷起伏的空间内布置各种飞禽、走兽、人物，使若干装饰区形成整体，产生统一的效果，呈现出一种云气缭绕的仙境之感。秦汉时期的云气纹在卷云纹的基础上用流动的弧线任意延伸，不拘一格地进行变化，形态舒展流畅，极具动感，充分展示了秦汉时期人们对自然之气的现实体验，以及对升天化仙的长生不老的渴望（图8-6、图8-7）。除了做辅助纹样外，还形成了几种典型的云纹样式，如长寿绣、信期绣、乘云绣等（图8-8～图8-10）。

图8-6　豹纹织锦，汉代，新疆民丰尼雅遗址出土

图8-7　韩仁锦，汉代，新疆楼兰古城遗址出土

图8-8　长寿绣，汉代，湖南长沙马王堆汉墓出土

图8-9　乘云绣，汉代，湖南长沙马王堆汉墓出土

（二）发展变化期

唐宋是我国云纹发展变化最多的时期，此时的云纹在原有的基础上，结构日趋复杂、造型更加精致，形态日趋多样，出现了朵云纹、团云纹、如意云纹、叠云纹等，宋代的《营造法式》中还记载了吴云、曹云、蕙草云、蛮云等。此时，云纹形态的发展变化也随着朵云纹和如意云纹的定性而逐渐进入定型化时期，从构型元素到结构模式，从造型形象到装饰格局都形成了相应的程式。但在唐宋的织物上，云纹的应用极为少见，到元代时，云纹才再次在织物上出现。如图8-11所示的元锦上的云气拥寿纹，在一圆中饰以变体的寿字，四周云纹环绕，以此为一个单元连缀成四方连续图案，再用一云纹延长成带状，将各个散点联系起来，整个纹样给人以飘飘欲仙之感。再如图8-12所示的元代云纹杂宝缎，其用云纹和杂宝纹搭配在一起，形式灵活，极具飘动之感。

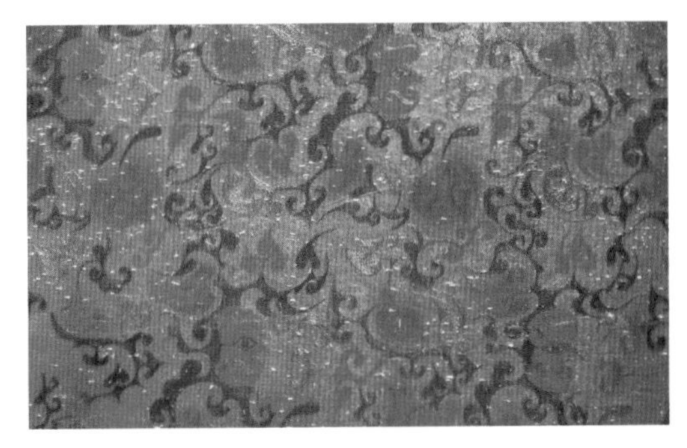
图8-10　信期绣，汉代，湖南长沙马王堆汉墓出土

图8-11　云气拥寿纹锦（临摹图），元代

（三）程式化时期

经过唐宋的发展变化，明清时期的云纹呈现出写实的程式化特点，并兼有吉祥的寓意色彩，常常作为辅助元素与龙凤、麒麟、狮子、蝙蝠等图案搭配使用，这些动物在民间多有“腾云驾雾”“吉祥如意”等的

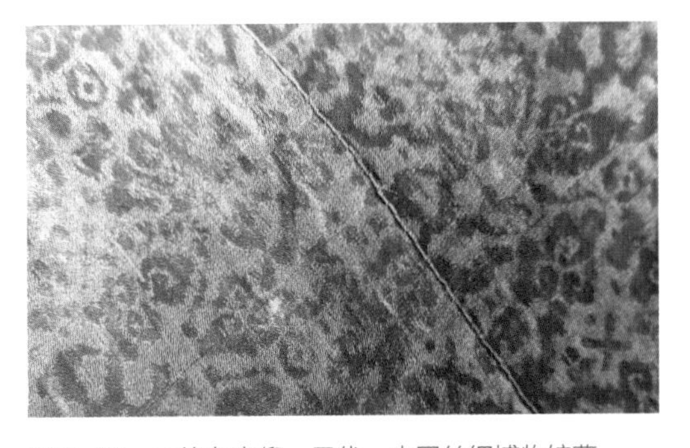
图8-12　云纹杂宝缎，元代，中国丝绸博物馆藏

美称。从某种意义上说，云纹与动物级相结合是带有祥云文化的云纹寓意的开始，并带有祈福纳祥的吉祥含义。如明代的四合如意八宝连云纹（图8-13）、清代的香色片金云蝠纹（图8-14）、明代的四合如意连云八宝纹（图8-15）等，其中四合如意云纹一般都是其他图案的衬底，在服饰图案中被大量应用。

明清以后，云纹逐渐走向民间世俗化，吉祥含义更为突出，形成了一个形式变化多样的、带有吉祥色彩的云纹纹样，被广泛地运用在中国人的日常用品和庆典礼仪之中，成为在装饰元素中比较常见的纹样。如图8-16所示的黄地四合如意云纹妆花缎，其中云纹与佛

图8-13　四合如意八宝连云纹，明代，北京故宫博物院藏

图8-15　四合如意连云八宝二色纱，明代，清华大学美术学院藏

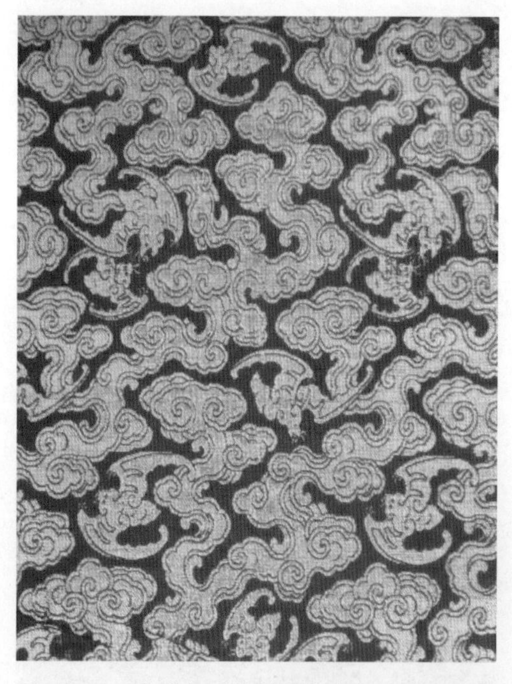

图8-14　香色片金云蝠织金绸，清代，北京故宫博物院藏

图8-16　黄地四合如意云纹妆花缎，清代，北京故宫博物院藏

教八吉祥纹样结合在一起，表达了祈福纳吉的意愿。

从这些云纹的历史演变中，我们不难发现，云纹在形式上是一个由简变繁的过程，也是一个从僵硬的符号到有着无限生命力的纹饰的演变进程。它体现了我国先民对自然界的一种认识，这主要集中在“天人合一”的中国式的宇宙观思想上。这种把自身的思想感情融入云纹中的方式，一方面左右着云纹的形态，另一方面则赋予云纹一些深刻寓意，这也是云纹纹样在中国经久不衰发展的重要原因。

三、云纹的文化内涵

云在自然环境下的神秘莫测及变化万千，使先民们认为其有着无限的神秘力量。在原始的自然条件下，天气是决定耕作收成以及生存问题的根本。经过长期的观察实践，先民逐渐认识到云与雨以及其他社会现象的必然关系，并出于对自然的崇敬之情，为云这个自然物体赋予了“天”的寓意，这也是云纹形象的最初寓意和象征，与中国古代道学的神仙观念与信仰有着非常直接的关系。尤其是秦汉时期，道教盛行，帝王热衷于各种神仙巫术以求成仙升天，他们认为只要把自己的宫室布置的云烟缭绕、瑞兽丛生，就可以招仙入室，与仙人接近以保佑自己长生不老。这也是当时社会文化和思想观念的反映。

此外，在古人的观念中，“云”与“气”实为一体，云纹本身是一种气体，所以也叫云气纹。这种自然之气被先民视为统一宇宙人生、天地万物的生命质素和生命本源，也就是中国道家讲的流动的“气”，这与以“气”为哲学生命本质的中国古人的艺术精神和生命追求相吻合，是中华民族对宇宙创造本体的认识，也使得自然之云的意义得以升华，同时表现了先民对云和气的崇拜与敬仰之情。这种纹样贯穿了几千年，并与中国传统的哲学思想相结合，产生的图案纹样是灵动且自由的。

云气纹经历了奔放的秦汉时期、飘逸的魏晋南北朝时期、大气的隋唐时期、秀丽的宋元明清时期，并以其丰富的文化内涵，传递着东方文化所独有的“面”和“线”带来的飘逸洒脱，传递着天地自然、人本内在、宽容豁达的人文精神和喜庆祥和的美好祝愿。云纹装饰以极大的时空跨度和极其丰富的形象样态，显示了中华民族对“云”的文化兴趣和审美热情，展现了中华文明把自然现象提升为文化和艺术形象的制造力量。如此意义上的“云”，实则凝聚了中华民族对宇宙创造本体的深刻认识。

四、云纹的几种类型

长寿绣。汉代云气纹绣的典型代表。纹样以变体云纹为主，循环较大，云气块面也较大。有的纹样中夹有穗状流云，有的云连龙身，龙长有大眼睛，整个纹样流动自如、紧凑生动，具有浪漫气息。

信期绣。汉代刺绣中应用最多的云气纹。纹样循环较小，布局紧凑，繁简得当，富有律动感。有人认为该纹样的形象类似燕子，而燕子为定期南迁北归的候鸟，寓意“忠可以写意，信

图8-17　望四海贵富寿为国庆锦，东汉，新疆文物考古研究所藏

图8-18　云龙八宝纹（临摹图），元代

图8-19　云龙纹织金缎，明代，私人收藏

可以期远”，而故名。也有人认为该纹样为变体云纹。

乘云绣。汉代云气纹绣的典型。纹样循环较长寿绣纹略小，于变体云纹中夹有变体凤纹，凤纹中有眼，似为凤头，凤身连于云彩，或为乘风之鸟。《急就篇》中描写汉代的染织图案花纹有“锦绣缦旄离云爵，乘风悬钟华洞乐。豹首落莽兔双鹤，春草鸡翘凫翁濯”。根据唐代颜师古的注释：“乘风一名爰居，一名杂县，盖海鸟也。言为乘风之状。”可见，乘风或为云中飞翔的海鸟，富有想象的浪漫色彩。

穗状云。作为带有花卉和花穗般云朵的云气纹，一般场面宏大，往往延伸至通幅，属于自由云气式构图，点缀局部。有穗状云参与的云气动物纹锦一般称为穗云式云气动物纹锦，如楼兰古城所出的韩仁锦（图8-7）和望四海贵富寿为国庆锦（图8-17）等。

灵芝云。唐时的云纹多与花草相配，形状类似灵芝，故称为灵芝云。灵芝云发展到元代也出现了如意云头的形状，如意云头与云气连接起来形成了一种特别的云纹，如山东邹县出土的云纹杂宝缎（图8-12）和苏州出土的云龙八宝缎（图8-18）。其主要特点就是若干如意云头由带状云连接起来，形状随图案需要而变化。

四合如意云。也可称骨朵云，由四个如意云头斗合，再在四方伸出小勾云，常常作为大空间中布置的云纹程式，可以相互连接成纹。明代应用特别广泛，形式丰满圆润，常与龙凤等纹样配合使用（图8-19～图8-21）。清代的四合如意云在结构上更自由，造型上不受约束，喜欢过多的弯曲，有时也出现有四合如意连云（图8-16）。

除固定样式的云纹外，清代还出现了一些形式更为自由的云纹图案，如图8-22所示的连云团寿纹妆花缎，其上的云纹形式自由飘逸，簇拥在团寿纹附近，没有了程式化的拘谨，多了几分自然与洒脱。而图8-23所示则是用更为抽象的线条来表示云纹，有简洁大气之美。

图8-20　升降龙四合连云纹织金缎，明代，私人收藏

图8-22　连云团寿纹妆花缎，清代，清华大学美术馆藏

图8-21　四合如意连云妆花缎，明代，北京故宫博物院藏

图8-23　洪福齐天纹绉绸，清代，私人收藏

第三节　十二章纹

一、十二章纹的起源

“十二章纹”的概念在本章第一节中已经写到，它是我国古代帝王冕服上的十二种装饰元素，也是中国古代封建帝制下在服饰上区分等级的一个符号，是中国传统文化的代表。

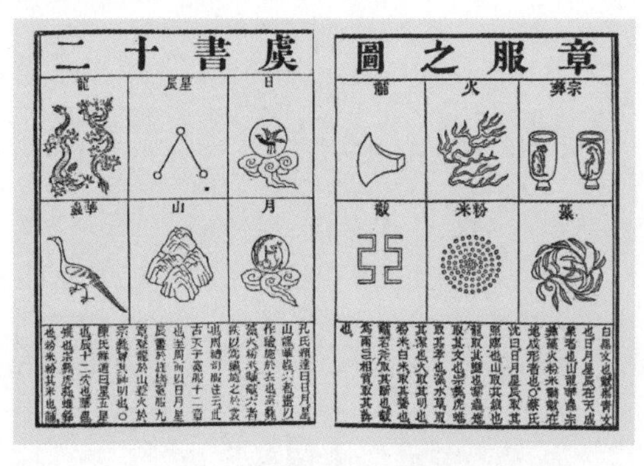

图8-24　十二章纹，引自《虞书·益稷》

十二章纹在我国出现较早，自周代时被正式确立为历代帝王的服章制度，据《虞书·益稷》篇中记载："予欲观古人之象，日、月、星辰、山、龙、华虫，作会（即绘），宗彝、藻、火、粉米、黼、黻、绨绣，以五采彰施于五色，作服，汝明。"（图8-24），但未有当时相关出土的实证资料。据今发现最早的与十二章纹相关的图像资料要到北魏司马金龙墓出土的漆画屏风楚王像上才能看到，但其十二章纹并不完备，只有日纹、月纹、龙纹、藻纹，其他山、火、黻等纹类似楷书文字，且排列无序。唐代阎立本所绘帝王图像以及敦煌初唐冕服像中也可以看到除了宗彝和藻之外的十二章纹。

二、十二章纹的应用

十二章纹作为古代帝王专属的冕服纹样，在使用上有严格的规定（图8-25～图8-27）。周朝时设立的舆服制度对天子的服饰着装从颜色、材质、纹饰等做了严格的规定，按照汉代孔国安的理解，即天子服日月而下，诸侯自龙衮而下至黼黻，士服藻火，大夫加米粉，上得兼下，下不得兼上。秦汉以后，封建统治者为了表现自身的合理性以及维持政权的稳定性，制定了一系列繁琐、详细的封建礼仪，十二章纹也被标志为只有封建统治者才能享有的独特标记。东汉永平二年（公元59年），孝明皇帝诏有司博采《周官》《礼记》《尚书》等典籍，制定了

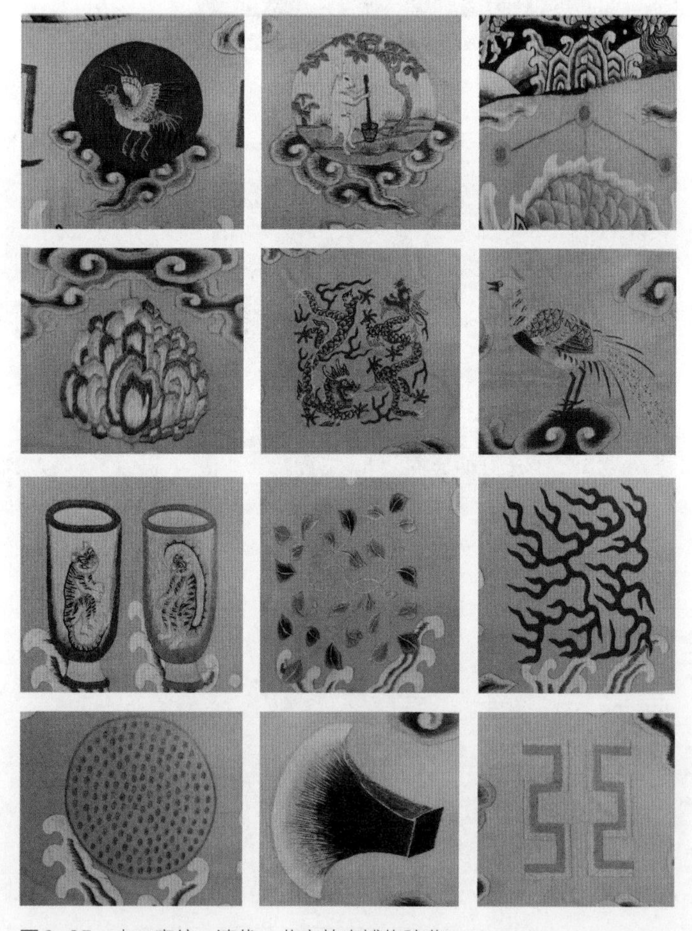
图8-25　十二章纹，清代，北京故宫博物院藏

图8-26　十二章龙袍前式，清代，北京故宫博物院藏

图8-27　十二章龙袍后式，清代，北京故宫博物院藏

详细的舆服制度，规定“天子、三公、九卿……祀天地明堂，皆冠旒冕，衣裳玄上纁下。乘舆备文，日月星辰十二章，三公、诸侯用山龙九章，九卿以下用华虫七章，皆备五采，大佩，赤舄絇履，以承大祭……”。

魏晋时，规定皇帝郊祀天地、明堂、宗庙，以及元会、临轩时，其服装“衣画裳绣，十二章”，王公、卿助祭郊庙，王公衣九章，卿衣七章。南北朝时期，章服制度更趋繁琐，以后周为例，不仅不同等级的人有不同等级的章服，即使同一等级，不同用处的礼服也各有不同的章纹。

《新唐书·舆服志》载，唐武德四年，朝廷发布诏令，宣布车舆、服装之令，“上得兼下，下不得拟上”，违者治罪。天下只有皇帝可用十二章，皇太子及一品之服用九章，“龙、山、华虫、火、宗彝在衣，藻、粉米、黼、黻在裳”；二品之服用七章，“华虫、火、宗彝在衣，藻、粉米、黼、黻在裳”；三品之服用五章，“宗彝、藻、粉米在衣，黼、黻在裳”；四品之服用三章，“粉米在衣，黼、黻在裳”；五品之服用一章，“裳刺黻一章”。

宋代初期，天子之衮服，“青色，日、月、星、山、龙、雉、虎猿，七章（在衣）；红裳，藻、火、粉米、黼、黻五章（在裳）”。太祖建隆元年又改为前制，“玄衣纁裳，十二章，八章在衣，日、月、星辰、山、龙、华虫、火、宗彝；四章在裳，藻、粉米、黼、黻”，记载于《宋史·舆服志》中。至于皇太子，仍为九章，九卿五章。

明代洪武十六年也明文规定了章服之制，皇帝衮冕“玄衣黄裳，十二章，日、月、星辰、山、龙、华虫六章织于衣，宗彝、藻、火、粉米、黼、黻六章绣于裳，白罗大带，红里。蔽膝随裳色，绣龙、火、山文”。永乐三年又定衮服十二章为：“玄衣八章，日、月、龙在肩，星辰、山在背，火、华虫、宗彝在袖，每袖各三。纁裳四章，织藻、粉米、黼、黻各二。蔽膝随裳色。嘉靖八年又恢复为玄衣黄裳，日、月、星辰、山、龙、华虫，其序自上而下，为衣之六章；宗彝、火、藻、粉米、黼、黻，其序自下而上，为裳之六章。”在《明史·舆服二》中十二旒冕。亲王上衣绘山、龙、华虫、火、宗彝五章花纹，下裳绣藻、粉米、黼、黻四章花纹，共九章，九旒冕。世子八章，八旒冕。郡王七章，七旒冕。还有五章衮衣，赐予外藩，朝鲜曾获赐五章衮衣。

清代开国初期，皇帝服饰上为采用十二章纹。最迟到乾隆时，衮服、朝服以及吉服上才正式采用十二章纹，但排列形式却与前代有较大差别。《清史稿·舆服》载，清代皇帝朝服仍为十二章，“列十二章，日、月、星辰、山、龙、华虫、黼、黻在衣，宗彝、藻、火、粉米在裳，间以五色云”。皇帝朝服上的十二章纹排列为：上衣领前列三星，呈正三角排列；领后为山纹；右肩有兔代表月；左肩有鸟代表日；胸前正龙右下方为黼、左下方为黻；后背正龙右下方为双龙纹、左下方为华虫纹。上衣共为八章。下幅前身右火、左粉米，后身右藻、左宗彝，共为四章。皇帝吉服袍上的十二章纹排列与朝服略有差异，主要是前摆换为左宗彝、右藻，后摆则是左粉米、右火。

中国古代十二章纹之制前后绵延近两千年，文献记载很多，但流传下来的实物却很少。图8-28所示的明万历皇帝缂丝十二章纹衮服，是国内最早的十二章齐备的帝服实例，为我们了解古代十二章纹之制提供了实物资料。在这件衮服上，龙纹最突出，共有十二团龙，分别织于两肩和前后襟上。另外，两肩织日、月，背织星辰、群山，两袖饰华虫。宗彝、藻、火、粉米、黼、黻六种纹饰分别列于前后襟团龙两侧，共列十二章纹，与明制符合，是不可多得的珍贵历史文物。此外，在朝鲜以及日本天皇服饰中也有十二章纹的应用

（图8-29），可见中日文化交流的深远影响。

图8-28　十二章纹衮服，明代，北京定陵出土

三、十二章纹的意义

十二章纹包含了至善至美的帝德，象征皇帝是天地间的主宰者，其权力像天地一样伟大且永恒，万物蕴涵承载于其中，又仿佛日月星辰一样光芒万丈，四面八方皆处于其照临之内。十二章纹的具体含义为日、月、星辰代表三光照耀，象征着帝王皇恩浩荡，普照四方。山，代表着稳重性格，乃万人之所瞻仰，象征帝王能治理四方水土。龙是神兽，变化多端，象征帝王们善于审时度势地处理国家大事和对人民的教诲。华虫是雉鸡的别称，因羽色美丽而常用作服饰或仪仗纹样，象征王者要“文采昭著”。宗彝是古代祭祀的一种酒器，饰有虎和蜼纹，通常是一对，象征帝王忠、孝的美德。如《周礼·春官·司尊彝》载“凡四时之间祀，追享、朝享，祼用虎彝、蜼彝，皆有舟”，虎彝、蜼彝在祭祀中相配使用。藻，则象征皇帝的品行冰清玉洁。火，象征帝王处理政务光明磊落，火焰向上也有率士群黎向归上命之

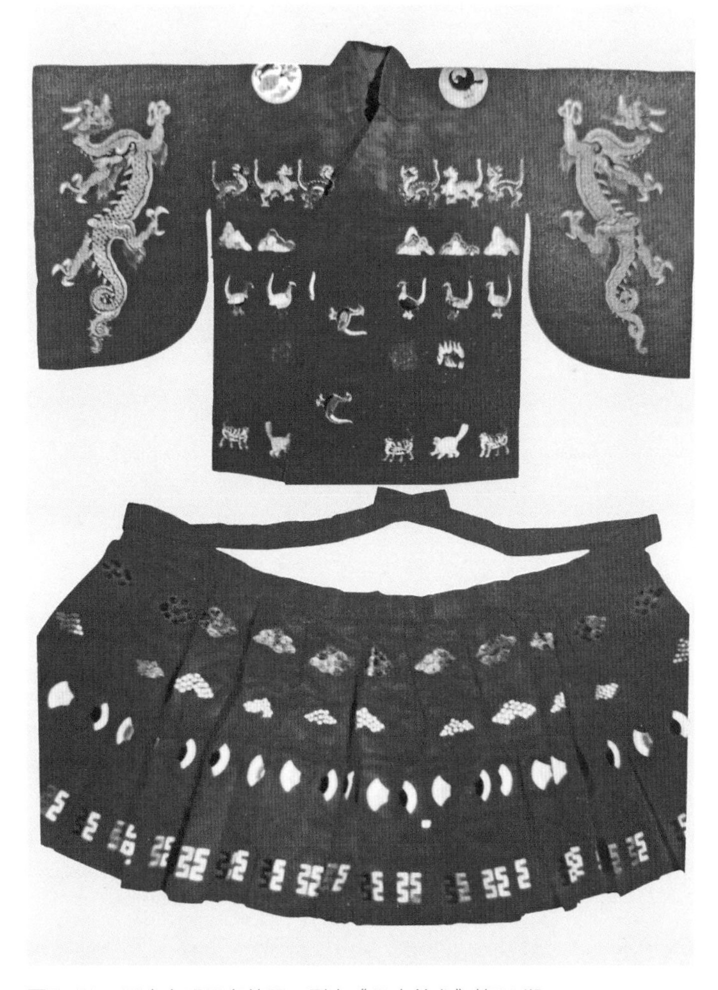

图8-29　日本孝明天皇礼服，引自《日本美术》第26期

意。粉米，就是白米，象征着皇帝供给着人民，安邦治国，重视农桑。黼，为斧头形状，象征皇帝做事干练果敢。黻，为两个已字相背，代表着帝王具有明辨是非、背恶向善的美德。

十二章纹是封建等级制度的体现，作为最尊贵的服装图案的表现形式，其纹样具有鲜明的阶级意识、丰富厚重的政治内容以及生动的文化象征意义。十二章纹充分展示了中华民族追求人与自然和谐的天人合一精神，是中国文化独特审美价值观的表现。

思考与练习

1. 对比当前的日、月、星辰等纹样元素，思考其在应用上的区别。

2. 从形式、寓意方面分析传统与现代的天象纹样元素的异同，体会中国传统纹样的真谛。

3. 总结云纹常用的形式，并进行设计创新的练习。

器物纹样

课题名称： 器物纹样

课题内容： 1. 器物纹样的概念

2. 器物纹样的内容形式

3. 器物纹样的内涵与审美

课题时数： 2课时

教学目的： 主要阐述器物纹样的基本概念、基本形式与发展变化，使学生认识器物纹样的特点。

教学方法： 讲授与讨论

教学要求： 1. 让学生了解器物纹样的概念与源流。

2. 使学生理解器物纹样的内容形式。

3. 使学生掌握器物纹样的内涵与审美。

课前准备： 教师准备相关器物纹样的图片以及应用的实例图片，学生提前预习理论内容。

第九章　器物纹样

器物纹样是中国传统纹样中很有特点的一类。上至皇帝冕服，下至百姓衣装，均有器物纹样的身影。其题材丰富，造型多样，既高洁清雅，又热闹凡俗，很多表现形式值得当今纺织品图案设计借鉴与学习。本章将介绍器物纹样在古代纺织品中的概念与源流、内容形式与审美内涵。

第一节　器物纹样的概念

器物纹样，指以与人们生活相关的器物为题材，将单个或多个器物装饰在织物上的花纹。器物纹样涵盖范畴较广，按照用途可大致分为实用器物、节庆器物、欣赏器物、宗法器物。实用器物，指古人日常使用之物，如钱币、水桶、梳子、剪刀等。节庆器物，指在重要节日时用于庆典的器物，如喜庆花篮、元宵彩灯等。欣赏器物，指具有人文气息的文房雅集之物，如文房四宝、博古雅器、瓶花等。宗法器物，指宗教礼仪时所用之礼器、法器等，这些器物虽然不是日常使用或陈设之物，却大部分源自日常生活。

器物的发展与人类的发展亦步亦趋，人类的每一次进步、每一段分期，通常都是以器物的发明或使用作为标志，或作为权力地位的象征，或蕴涵吉祥喜庆之义，或彰显文人意趣等。中国古代每一个时期都存在最具典型性和代表性的器物品类，如新石器时期之彩陶、商周之青铜器、秦汉之漆器、盛唐之金银器、两宋之陶瓷、蒙元之青花、明代之家具、清代之粉彩珐琅等。

将器物装饰于织物之上，也拥有很久的历史。商周时期的彝樽是酒器，亦是十二章纹之一，据《尚书·益稷》记载，帝尧授意帝舜穿十二章纹冕服，“宗彝”为十二章纹之一，“宗彝，系彝樽，绘以虎、蜼之形”，可知宗彝是画有虎、蜼的彝樽。早期十二章纹并无图像传世，实物最早见于定陵出土的明神宗五件衮服，其前胸的十二章纹可见宗彝，形为杯，分列团龙两旁（图9-1[1]）。

汉代丝绸中的器物纹样不多，织有玉璧的“汉晋连璧锦”反映出汉人爱玉的风尚。隋

[1] 赵丰. 中国丝绸通史［M］. 苏州：苏州大学出版社，2005：433.

唐五代，始创以灯笼为主题的“天下乐锦”。“天下乐锦”实物于明代得见。宋代更加流行灯笼纹。因宋时上元灯节遍及全国，夜市灯具千姿百态，观赏性强，以灯笼命名的“灯笼锦”深受欢迎。明清两代除了延续流行“灯笼锦”外，还十分盛行钱币纹和博古纹，内容极为丰富，富含浓郁的吉祥意味。

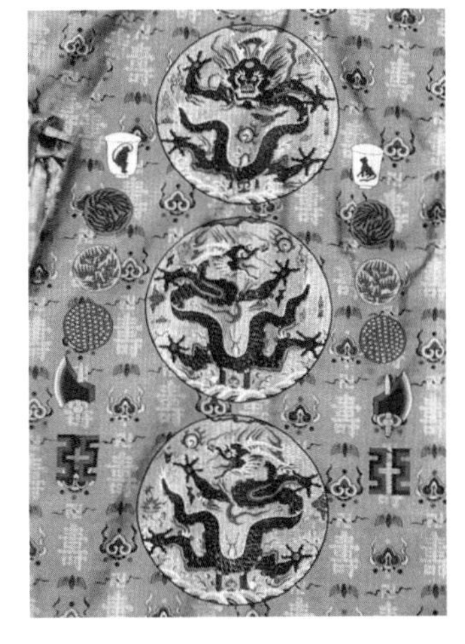

图9-1　十二章纹

第二节　器物纹样的内容形式

一、钱币纹

钱币纹是指将钱币作为素材的装饰纹样。因钱币为日常生活必备之物，故钱币纹是实用型器物纹样的代表，大量流行于明清织绣中。钱币纹主要有两种形式：独立式和连续式。独立式指一种将各种古钱币的完整造型独立呈现在织物上的表现形式。连续式指一种将古钱币简洁概括成几何造型，再以几何方式连接在一起的表现形式。前者完整独立，指意性强，造型丰富，不宜大面积装饰，因而适用范围有限，实物中于清代孩童坎肩中有见；后者简约连贯，单一而程式，因装饰性强，可作大面积地纹，称为连钱纹（图9-2、图9-3[1]）。

图9-2　独立式钱币纹孩童坎肩，江苏工程职业技术学院藏

连钱纹由相同的铜钱形相互串联不断循环而成，其形制因袭了宋代连锁纹。连锁纹大多为六边，以“丫”为基本型不断连接而成；而连钱纹则是四边，以X形连接呈现。连锁纹侧重于非指意性的几何循环效果，而连钱纹更倾向钱币符号的展现，以及古人寄予富贵连连的心理诉求。因此，连钱纹从吉祥文化繁盛的明代开始流行，直至清代面貌更加丰富，制作更加精细，图案规整，色彩柔和，既可服务于结构造型又可作为装饰纹样，使用范围宽广，但并无太多创新。

图9-3　连钱纹

[1] 高春明．锦绣文章——中国传统织绣纹样［M］．上海：上海书画出版社，2005：604．

二、灯笼纹

灯笼纹指的是以灯笼为主题的纹样。灯笼的兴盛与元宵灯节关系密切，随着唐后灯节活动的日益盛大，灯笼纹日益多姿多彩。天下乐锦即灯笼锦，有多种样式，主纹样是灯笼，内嵌格式小花纹或几何纹，灯端两侧悬结谷穗，周围蜜蜂飞舞，寓意“元宵灯节，军民同乐”“五谷丰登（蜂灯）”，故又称“天下乐”“庆丰年”。元人戚辅之《佩楚轩客谈》：“孟氏在蜀时，制十样锦，名长安竹、天下乐、雕团、宜男、宝界地、方胜、狮团、象眼、八搭韵、铁梗蘘荷。”元人费著《蜀锦谱》中记载的“官告锦四百匹花样”与“臣僚袄子锦八十七匹花样”中都记载了“天下乐锦”，可见天下乐锦属于档次较高的品种。在宋代，常用作高级官员服饰，皇室每年依百官品级分送“臣僚袄子锦”凡七级。宋建隆三年（962年），太祖赐时服，品级最高的才能得到天下乐锦；元丰二年（1079年），详定朝会仪注，以天下乐晕锦绶为第一等；政和（1111~1118年）议礼局，更上群臣朝服之制，天下乐晕锦绶仍等级最高。金朝制度则多沿两宋，只有正一品才有“天下乐晕锦玉环绶一”。明代还有灯景补子，“元宵，内臣宫眷，皆穿灯景补子蟒衣”。清代灯笼锦依然常见，等级依然高贵。如清代张廷玉《皇朝文献通考》记五谷丰登纹样只能是皇后及贵妃使用，“皇太后、皇后、皇贵妃……彩帨：以绿绸为之，绣‘五谷丰登’”（图9-4[1]）。

图9-4　灯笼纹

灯笼锦的流行从《蜀锦谱》及《宋史》中可见一斑。宋代毬路纹（连钱纹）十分流行。瓶花等日用器物开始出现在服饰纹样中。江西德安宋墓、福州茶园山宋墓出土的杂宝纹服饰；湖北蕲春县漕河镇罗州城遗址出土的宋代掐丝花卉插瓶金耳环、莲花插瓶鸳鸯纹金耳环等瓶花纹样首饰四件（共24件），甘肃彰县汪世显家族墓出土的双钱“宝瓶形”小荷包；湖南临澧柏枝乡南宋金银器窖藏、湖南沅陵元黄氏夫妇墓中还出土了（瓶花）瓶式簪等。

宋代邵伯温《邵氏闻见录》载：“张贵妃侍仁宗上元宴于端门，服所谓灯笼锦者。”撇

[1] 赵丰．中国丝绸通史［M］．苏州：苏州大学出版社，2005：451．
黄能馥．中国丝绸科技艺术七千年［M］．北京：中国纺织出版社，2002：307，367，329．

开其中的轶事，上元灯节穿着灯笼锦服是符合宋代应时应景配相应服饰的习俗的。灯笼纹的排列除补服为适合图案之外，皆四方连续。沈从文先生曾对彩锦描述道："明代较沉重，调子常带有男性的壮丽。清代图案特别华美而秀丽，配色则常常充满一种女性的柔和。"

明清两朝灯节的兴盛，是服饰中灯笼纹发展的大前提，灯笼纹丰富的面貌与花样百出的灯饰不无关系。灯指代光明、丰登的含义，与农业社会所期盼的相迎合。现有实物资料中，灯笼样式多种，有梅花灯、金莲灯、芙蓉灯、绣球灯、葫芦灯、玉楼灯、寿字灯、六边形宫灯等，造型端庄饱满，装饰感强。

三、花篮纹

花篮纹流行于清代，常作为吉庆器物纹样用于礼服（图9-5、图9-6）。《国朝宫史·卷十八》载：长春万寿花篮一件，云霞散绮丽花篮一件，万量抒丹花篮一件，富贵披香花篮一件，金英吐瑞花篮一件。除帝后礼服外，平民衣裳也可见花篮纹，说明清人对花篮十分喜爱。

图9-5　花篮纹

图9-6　花篮纹，苏州丝绸博物馆藏

清代花篮纹在吉服中较常见，既做主纹又做辅纹。如故宫所藏"乾隆缂丝彩云蓝龙清白狐皮龙袍""乾隆酱色缎地缉米珠绣云龙袍料"，曲阜文会馆所藏"蓝绸地绣金龙马蹄袖袍""光绪紫色绸绣云龙宫廷棉吉服袍"。此外，乾隆三十三年的"雪灰色缎绣四季花篮棉袍"非常有特点，其通身绣二十多种四季花卉组成的花篮，花篮共八只，前胸三只、肩臂各一、后背三只，花篮腹部皆镂空，仅以如意纹、卍字纹、云纹等勾勒，清丽雅致。

四、博古纹

博古纹是瓷器装饰中一种典型的纹样（图9-7），博古即古代器物，由《宣和博古图》一书而得名。此书由宋徽宗敕撰，王黼编纂，始编于北宋大观初年（1107年），成书于宣

图9-7　博古纹，苏州丝绸博物馆藏

图9-8　博古纹

和五年（1123年）之后。全书共30卷，著录当时皇室在宣和殿所藏的自商至唐代青铜器839件，集宋代所藏青铜器之大成，故而得名"博古"。后来，"博古"的含义被加以引申，凡鼎、尊、彝、瓷瓶、玉件、书画、盆景等被用作装饰题材时，均称"博古"，在各种工艺品上常用这种题材作为装饰，寓意高洁清雅。古代瓷器上的博古图流行于明末至清代的景德镇窑瓷器上，特别是康熙朝瓷器上的博古图，有的用作主题纹饰，有的用作边饰，此外将博古图塑贴在器物上的也屡见不鲜。

明清使用博古纹的丝织物较多，多于首饰配饰，主要是因为博古纹由多种器物摆放组成，不适合金银珠宝对此类纹样的表现。

明代"缂丝浑仪博古图"缂有博古纹样，其为五色金彩织，设色沉稳华丽，构图丰满有序，器物有鼎彝钟鼓、天球河图、金瓯玉斝、符灵之类，又提炉锜花、环佩蝉珥之属，又万年一统盆、天下太平钱，及连理枝、梵天文，凡三十三种。

清代的博古纹已十分程式化，常常是瓶花、香炉、琴棋书画与各类吉祥图案的掺杂，通过纹样难以感知其风雅高洁的愿意，相反却是一份扑面而来的喧闹与凡俗。衣裳袍服中的博古纹多为主纹，常作适合纹样、散点式纹样或对称纹样（图9-8）。

第三节　器物纹样的内涵与审美

器物纹样从日常生活幻化而来，没有龙凤纹那样的瑰丽传说与高贵品级，也不似花卉纹有百千品种与万般姿态，但其却最贴近人们的生活——包括个体自身的精神境界，以及整个社会。将日用之物作为装饰纹样，体现的是人类对自身生活状态愈来愈深切的关注，所以器物纹样的产生、流行、变化都离不开生活。器物纹样是对日常所见所用器物的再现。马镫、灯笼、花篮、瓶花皆如此，其中灯笼纹是典型。将当时小说描写、书籍插图、绘画与丝绸纹样、首饰造型相比对，可发现灯笼纹是对现实的模仿和再现。器物面貌的变化亦影响纹样面貌，如写实性瓶花纹样与现实中的观赏瓷上的几乎一致。

器物纹样的出现与流行受到世俗生活、社会风气的影响。宋代以来，瓶花为十分流行的室内陈设，它先属于文人的雅尚，后推及整个社会。宋代花瓶纹样的出现及清代瓶花纹样的大兴与此不无干系。清代由统治者及文士领衔的博古风气，更触发了民间的博古大潮，浓郁的博古风气使得服饰中的博古纹骤增，但由于清代吉祥纹样泛滥，原寓意清俊高洁的博古纹亦难逃吉祥纹样的同化，少了分雅致，却更接地气。

器物纹样制作原则——“知者创物，巧者述之，守之世，谓之工”。

思考与练习

1. 结合实际图例分析器物纹样与古人生活用具间的渊源关系。
2. 阐述器物纹样的审美特征。
3. 请结合实际，阐述器物纹样在当今纺织品面料上的应用形式及意义。
4. 请结合流行趋势，试述如何对器物纹样进行创新发展。

参考文献

[1] 中华书局编辑部. 二十四史[M]. 标点本. 北京：中华书局，2011.
[2] 赵尔巽. 清史稿[M]. 北京：中华书局，1998.
[3] 老子，庄子，等. 诸子集成[M]. 上海：上海书店出版社，1986.
[4] 许慎. 说文解字[M]. 徐铉，注释. 北京：中华书局，2009.
[5] 葛洪. 西京杂记[M]. 北京：中华书局，1985.
[6] 张彦远. 历代名画记全译[M]. 承载，译注. 贵阳：贵州人民出版社，2009.
[7] 李诫. 营造法式[M]. 邹其昌，点校. 北京：人民出版社，2006.
[8] 李昉. 太平广记[M]. 石鸣，译. 武汉：崇文书局，2007.
[9] 陈继儒. 宝颜堂祕笈[M]. 石印本. 上海：上海文明书局，1922.
[10] 周密. 齐东野语[M]. 北京：中华书局，1983.
[11] 庄绰. 鸡肋篇[M]. 北京：中华书局，1983.
[12] 吴自牧. 梦粱录[M]. 符均，张社国，校注. 西安：三秦出版社，2004.
[13] 孟元老. 东京梦华录全译[M]. 姜汉椿，注. 贵阳：贵州人民出版社，2009.
[14] 文震亨. 长物志[M]. 汪有源，胡天寿，注. 重庆：重庆出版社，2010.
[15] 王圻，王思义. 三才图会[M]. 上海：上海古籍出版社，1988.
[16] 李渔. 闲情偶寄[M]. 杭州：浙江古籍出版社，1985.
[17] 十三经注疏[M]. 阮元，校刻. 北京：中华书局，1980.
[18] 朱启钤. 丝绣笔记[M]. 台北：广文书局，1970.
[19] 袁珂. 山海经全译[M]. 贵阳：贵州人民出版社，1995.
[20] 湖南省博物馆，中国科学院考古研究所. 长沙马王堆一号汉墓[M]. 北京：文物出版社，1973.
[21] 湖南省博物馆，中国科学院考古研究所，文物编辑委员会. 长沙马王堆一号汉墓发掘简报[M]. 北京：文物出版社，1972.
[22] 新疆维吾尔自治区博物馆，出土文物展览工作组. 丝绸之路：汉唐织物[M]. 北京：文物出版社，1973.
[23] 沈福伟. 中西文化交流史[M]. 上海：上海人民出版社，1985.
[24] 湖北省荆州地区博物馆. 江陵马山一号楚墓[M]. 北京：文物出版社，1985.
[25] 李仁溥. 中国古代纺织史稿[M]. 长沙：岳麓书社，1983.
[26] 中国社会科学院考古研究所，等. 定陵掇英[M]. 北京：文物出版社，1989.
[27] 中国美术全集编委员会. 中国美术全集[M]. 上海：上海人民美术出版社，1988.
[28] 中国织绣服饰全集编辑委员会. 中国织绣服饰全集[M]. 天津：天津人民美术出版社，2004.
[29] 田自秉，吴淑生. 中国工艺美术史图录[M]. 上海：上海人民美术出版社，1994.
[30] 陈维稷. 中国纺织科学技术史(古代部分)[M]. 北京：科学出版社，1984.
[31] 沈从文. 中国古代服饰研究[M]. 香港：商务印书馆香港分馆，1981.

[32] 郭廉夫，丁涛，诸葛铠. 中国纹样辞典[M]. 天津：天津教育出版社，1998.
[33] 芮传明，余太山. 中西纹饰比较[M]. 上海：上海古籍出版社，1995.
[34] 皮道坚. 楚艺术史[M]. 武汉：湖北教育出版社，1995.
[35] 国家文物局. 中国文物精华大辞典[M]. 上海：上海辞书出版社，1995.
[36] 彭浩. 楚人的纺织与服饰[M]. 武汉：湖北教育出版社，1996.
[37] 林梅村. 汉唐西域与中国文明[M]. 北京：文物出版社，1998.
[38] 金申. 中国历代纪年佛像图典[M]. 北京：文物出版社，1995.
[39] 缪良云. 中国历代丝绸纹样[M]. 北京：纺织工业出版社，1988.
[40] 何新. 诸神的起源[M]. 北京：时事出版社，2002.
[41] 扬之水. 诗经名物新证[M]. 北京：北京古籍出版社，2002.
[42] 扬之水. 曾有西风半点香：敦煌艺术名物丛考[M]. 北京：生活·读书·新知三联书店，2012.
[43] 扬之水. 古诗文名物新证[M]. 北京：紫禁城出版社，2010.
[44] 刘志雄，杨静荣. 龙与中国文化[M]. 北京：人民出版社，1992.
[45] 赵丰. 王孖与纺织考古[M]. 香港：艺纱堂/服饰出版社，2001.
[46] 王炳华. 西域考古文存[M]. 兰州：兰州大学出版社，2010.
[47] 王炳华. 丝绸之路考古研究[M]. 乌鲁木齐：新疆人民出版社，1993.
[48] 赵丰. 织绣珍品[M]. 香港：艺纱堂/服饰出版社，1999.
[49] 赵丰. 纺织品考古新发现[M]. 香港：艺纱堂/服饰出版社，2002.
[50] 赵丰. 中国丝绸通史[M]. 苏州：苏州大学出版社，2005.
[51] 赵丰. 中国丝绸艺术史[M]. 北京：文物出版社，2005.
[52] 诸葛凯. 文明的轮回：中国服饰文化的历程[M].北京：中国纺织出版社，2007.
[53] 郑巨欣. 中国传统纺织品印花研究[M]. 杭州：中国美术学院出版社，2008.
[54] 赵丰. 西北风格汉晋织物[M]. 北京：艺纱堂/服饰出版社，2008.
[55] 赵丰. 敦煌丝绸艺术全集(英藏卷)[M]. 上海：东华大学出版社，2007.
[56] 赵丰. 敦煌丝绸艺术全集(法藏卷)[M]. 上海：东华大学出版社，2010.
[57] 赵丰，齐东方. 锦上胡风：丝绸之路纺织品上的西方影响(4-8世纪)[M]. 上海：上海古籍出版社，2011.
[58] 林梅村. 丝绸之路考古十五讲[M]. 北京：北京大学出版社，2006.
[59] 张晓霞. 天赐荣华：中国古代植物装饰纹样发展史[M]. 上海：上海文化出版社，2010.
[60] 许新国. 西陲之地与东西方文明[M]. 北京：北京燕山出版社，2006.
[61] 徐光冀，汤池，秦大树，等. 中国出土壁画全集[M]. 北京：科学出版社，2011.
[62] 孙机. 汉代物质文化资料图说[M]. 上海：上海古籍出版社，2008.
[63] 袁宣萍，赵丰. 中国丝绸文化史[M]. 济南：山东美术出版社，2009.
[64] 田自秉，吴淑生，田青. 中国纹样史[M]. 北京：高等教育出版社，2003.
[65] 常沙娜. 中国敦煌历代服饰图案[M]. 北京：中国轻工业出版社，2001.
[66] 尚刚. 元代工艺美术史[M]. 沈阳：辽宁教育出版社，1999.
[67] 靳之林. 生命之树与中国民间民俗艺术[M]. 北京：广西师范大学出版社，2002.
[68]《北京文物精粹大系》编委会，北京市文物局. 北京文物精粹大系(织绣卷)[M]. 北

京：北京出版社，2001.
[69]宗凤英. 故宫博物院藏文物珍品全集(明清织绣)[M]. 香港：商务印书馆(香港)有限公司，2005.
[70]高春明. 锦绣文章：中国传统织绣纹样[M]. 上海：上海书画出版社，2005.
[71]苑洪琪，刘宝建. 故宫藏毯图典[M]. 北京：紫禁城出版社，2010.